现代环境监测与环境管理研究

汤　涛　庞玉建　著

北京工业大学出版社

图书在版编目（CIP）数据

现代环境监测与环境管理研究 / 汤涛，庞玉建著 . — 北京 ：北京工业大学出版社，2022.11

ISBN 978-7-5639-8471-8

Ⅰ．①现… Ⅱ．①汤… ②庞… Ⅲ．①环境监测－研究 ②环境管理－研究 Ⅳ．① X83 ② X32

中国版本图书馆 CIP 数据核字（2022）第 186598 号

现代环境监测与环境管理研究
XIANDAI HUANJING JIANCE YU HUANJING GUANLI YANJIU

著　　者：汤　涛　庞玉建
责任编辑：李　艳
封面设计：知更壹点
出版发行：北京工业大学出版社
　　　　　（北京市朝阳区平乐园 100 号　邮编：100124）
　　　　　010-67391722（传真）　bgdcbs@sina.com
经销单位：全国各地新华书店
承印单位：唐山市铭诚印刷有限公司
开　　本：710 毫米×1000 毫米　1/16
印　　张：6.75
字　　数：135 千字
版　　次：2023 年 4 月第 1 版
印　　次：2023 年 4 月第 1 次印刷
标准书号：ISBN 978-7-5639-8471-8
定　　价：72.00 元

版权所有　翻印必究

（如发现印装质量问题，请寄本社发行部调换 010-67391106）

作者简介

汤涛，山东省金乡县人，毕业于西华师范大学，研究生学历。现任职于山东省济宁生态环境监测中心，担任监测管理室主任一职，副高级工程师，主要研究方向：生态环境监测管理。

庞玉建，山东省泗水县人，毕业于四川师范大学，研究生学历。现任职于山东省济宁生态环境监测中心，担任监控与预报室副主任一职，工程师，主要研究方向：生态环境监测监控管理。

前　言

　　环境监测是保护生态环境的最佳途径，也是环境管理中的最佳手段。在将环境监测纳入环保程序后，既可以系统地测评环境质量与变化趋势，又可以有效调动和分配环保资源，这为现代环境保护工作的可持续发展奠定了坚实基础。

　　全书共五章。第一章为绪论，主要阐述了环境监测的发展历程、环境监测的目的与分类、环境管理思想和方法的发展等内容；第二章为现代环境监测的基本内容，主要阐述了水和废水监测、大气和废气监测、土壤和固体废物监测、生物污染监测、噪声环境监测等内容；第三章为现代环境监测的质量保证，主要阐述了样品采集的质量保证、监测实验室的质量保证、监测方法的质量保证、数据处理的质量保证等内容；第四章为现代环境管理的手段，主要阐述了环境监察、环境监控、环境预测、环境标准、环境审计等内容；第五章为现代环境管理的实践，主要阐述了环境管理的法律依据、城市环境管理实践、农村环境管理实践等内容。

　　在撰写本书的过程中，笔者借鉴了国内外很多相关的研究成果，在此对相关学者、专家表示诚挚的感谢。

　　由于本人水平有限，书中有一些内容还有待进一步深入研究和论证，在此恳切地希望各位同行专家和读者朋友予以斧正。

目　录

第一章 绪 论

在环境保护管理工作中不能忽视环境监测的作用，进行该项工作不仅能够达到理想的污染防治效果，而且还能准确真实地反映城市环境质量，为相关决策的制定提供参考依据。在开展环境管理时要充分发挥环境监测的作用，为环境管理工作提供有效的技术支持与监督服务。本章分为环境监测的发展历程、环境监测的目的与分类、环境管理思想和方法的发展三部分，主要包括环境监测机构的发展历程、环境监测的目的、环境管理思想的发展阶段等内容。

第一节 环境监测的发展历程

一、环境监测工作的发展历程

（一）镜像反映环境变化阶段（1970—2012 年）

随着西方发达国家进入工业化时代，环境污染及其对人体健康的危害等问题逐渐暴露，如伦敦烟雾事件、日本水俣病事件等。人类逐渐认识到有限的自然资源开发与环境保护这一对深刻的矛盾体，随着《寂静的春天》《增长的极限》《只有一个地球》等环境保护相关著作的相继出版，环境保护与可持续发展等理念逐渐得以传播。

我国的工业化起步较晚，当时发展和保护的矛盾还没有那么突出，但由于受到西方环境保护思潮的影响，我国也开始意识到国内的环境问题。1974 年，国务院环境保护委员会的成立标志着我国生态环境保护的起步，我国的环境监测事业也随之孕育发展。

（二）支撑考核评估阶段（2013—2019 年）

随着时代的发展，中央对生态文明建设的重视程度越来越高，我国生态环境监测也进入新的发展阶段。2015 年，国务院办公厅印发《生态环境监测网络建设方案》；2016 年，中共中央办公厅、国务院办公厅印发《关于省以下环保机构监测监察执法垂直管理制度改革试点工作的指导意见》；2017 年又印发了《关于深化环境监测改革提高环境监测数据质量的意见》。相关文件推动生态环境监测更好地与我国实际相结合，形成了一系列新理念，出台了一系列新举措，走出了一条中国特色生态环境监测发展之路。

（三）智慧监测阶段（2020 年至今）

我国于 2020 年发布了《生态环境监测规划纲要（2020—2035 年）》，并于 2021 年发布《"十四五"生态环境监测规划》，由此对环境监测工作开展了一场深刻的变革。工作重点在于支撑"三个治污"和"五个精准"，监测系统站在生态环境舞台的中央。精准治污、科学治污、依法治污对生态环境监测提出了更高要求，生态环境监测不能只是简单地出具监测数据，而是要实现感知高效化、数据集成化、分析关联化、测管一体化、应用智能化、服务社会化。智慧监测要充分应用人工智能和网络通信等新一代信息技术，高效、智能地感知生态环境，通过提升数据挖掘和应用水平满足政府、企业、公众等对生态环境监测的需要，实现生态环境管理和监测业务的深度融合，更加精准、智能地支撑生态环境管理和决策。

二、环境监测技术的发展历程

与那些经济发展水平较高的国家相比，我国的环境监测工作起步较晚，但经过几十年的发展完善，当下已经取得了非常显著的进步。从整体上来说，可以将我国环境监测技术的发展划分为三个时期。

（一）技术引用阶段

自新中国成立以来，国家对于环境保护工作越来越关注，并充分地联系实际情况制定了环境保护综合治理规章制度，第一次将环境保护工作纳入国家规划之内；并且提出了环境监测的理念，向其他国家借鉴了环境监测技术，进而能够针对自然生态环境实施切实监测。

（二）技术发展阶段

在将环境监测技术加以运用之后，结合国内环境保护工作开展的实际情况，创建了环境监测技术委员会以及生态环境局，对涉及的各项管理机制进行了优化，并且对全国范围内的环境监测技术的分布进行了规划。这就使得国内的环境监测网得以初步形成，环境监测技术也随之不断地完善优化，与国内的环境情况得以全面融合。

（三）技术提升阶段

现如今，计算机技术、电力电子技术、网络技术以及自动控制技术都取得了非常明显的进步。环境监测技术也与其他技术进行结合，科研工作的实施重点逐渐地从社会经济过渡到了环境监测技术上，技术水平也有了非常明显的提高。随着经济的迅猛发展，对生态环境保护的要求更加严格，不仅仅是在国家层面，社会公众对此也更加重视。因此在环境监测技术中加强了对物理和化学分析的运用，建立完备的"3S"制度，以此来提高环境监测的水平。

三、环境监测机构的发展历程

（一）理论研究与实践探索先行阶段

早在全面推行生态环境监测社会化之前，就已有社会环境监测机构参与生态环境监测工作的先例，但相关监管制度或欠缺或完全参照政府所属监测机构。例如，在社会生态环境监测机构主体资格认定方面，仅有"非环境保护部门所属环境监测机构，通过自愿申请的形式，经其所在地省级环境保护部门生态环境监测业务能力认定，即具备相应的监测服务资格"这一原则性规定。在对我国生态环境监测发展的反思性研究中，学者们逐渐将研究目光转移至由政府作为生态环境监测服务供给主体的低效问题上。有学者提出，根据社会治理理论和开展政府购买工作的要求，应当允许社会机构作为生态环境监测服务的供给主体。至此，各地开始展开社会生态环境监测机构参与监测服务供给的实践。

为了满足实践监管的实际需要，2008年，重庆率先发布《重庆市环境监测机构能力认定准则》，随后北京、四川、云南、青海、山东等省市陆续结合自身实际，通过意见、办法等形式公布对社会生态环境监测机构的管理办法，为针对社会生态环境监测机构监管的探索积累了不少宝贵的经验。这一发展阶段存在如下特征。

首先，各地的管理办法大多提出原则性意见，在具体操作层面普遍缺乏可执行的具体规定，对于监测数据质量本身的监管不够。

其次，多为临时性政策，法律保障严重不足，各类意见较为散乱。

最后，监管思路上和模式上缺乏对社会生态环境监测机构的有效引导，存在较多的歧视。

（二）全国范围内推广阶段

2015 年，原环保部发布《关于推进环境监测服务社会化的指导意见》，提出要在全国范围内推动生态环境监测社会化，但社会生态环境监测机构范围具体所指、开放的生态环境监测范围、主体资格认定方式等都不明晰。

在随后的 2015 至 2017 年三年间，中央全面深化改革委员会审议通过了包括《生态环境监测网络建设方案》《关于省以下环保机构监测监察执法垂直管理制度改革试点工作的指导意见》《关于深化环境监测改革提高环境监测数据质量的意见》在内的一系列文件，基本完成了对生态环境监测监管制度体系的总体顶层设计。随着政策的推行，各地针对社会生态环境监测机构的监管制度得到了进一步的发展。

在这一阶段，部分地区已经着手针对现行的监管制度进行进一步完善。例如，江苏于 2016 年 12 月废止了《江苏省社会环境检测机构环境监测业务能力认定管理办法（试行）》，广西就其原本涉及的地方歧视问题向全社会征求相关立法意见。该阶段针对环境监测机构的监管制度的构建仍以政策的出台和修改为主，但为后续的立法提供了实践和理论基础。

（三）立法确认阶段

通过理论研究、实践探索和国家推动，我国各地方逐步形成了特色鲜明、内容丰富的社会生态环境监测机构监管制度。于 2020 年 1 月 9 日通过的《江苏省生态环境监测条例》提出，对各类型的生态环境监测机构采取统一监管的模式，并对机构的准入、运行以及监督管理进行了进一步的补充立法。《生态环境监测条例（草案征求意见稿）》已于 2020 年 2 月由生态环境部会议审议并通过，并且在《江苏省生态环境监测条例》已于 2020 年 5 月 1 日实施的背景下，单纯依靠各地方自行出台政策对社会生态环境监测机构进行监管的局面得到进一步改善，全国统一立法获得了极大的进展。但必须指出，是否需要进一步专门针对社会生态环境监测机构监管工作进行立法，仍需要进一步讨论和调研。

第二节　环境监测的目的与分类

一、环境监测的目的

(一) 为环境保护工作提供基本保障

数据调查和收集往往是一项工作开展过程中最需要做到并做好的基础性工作，环境监测工作主要就是为环境保护提供基础数据支持的。近些年来，环境污染问题成了全社会都关注的热点，环境保护工作正在如火如荼地开展，国家不断出台有关环境保护的政策，社会各行各业在发展过程中也都开始主动朝着环保方向发展，主动开启了环保发展模式。

若想要环保工作大范围、持续性开展，势必要在工作过程中落实和健全基本保障环节，也就是数据的收集环节。环境监测工作能够对环保工作起到保障的作用，在工作过程中也能通过环保数据的监测来把控整个局面。

环境监测工作有几个不同的监测节点。在监测工作过程中，如果发现该区域内的环境污染指数已经达到了最高标准或者超标，监测系统就会着重记录下该批次数据，并将监测情况进行上报处理，这一做法能够为下一步环保工作指明方向。环境保护数据具有很强依据性和很高的参考价值，环境监测工作的所有数据最终都会回流到相关环境保护和管理部门。这部分资料能够帮助这些部门完成长期深入的污染源分析，能够为污染源的监测和处理工作提供保障。同时，在城市化建设和发展的过程中，还要依靠不同时期的环境监测数据来对比，进而发现城市区域内的环境变化情况。在经济社会得到发展的同时，环境保护工作也需要逐步地落实和推进，如果在城市发展的过程中以环境作为代价，那么最终的发展结果很可能效益不高、得不偿失。除此之外，还有很多工程项目在实施过程中造成环境污染和噪声污染，可以利用噪声测量仪对项目实施区域内的噪声进行监测，发现超出规定标准则安排相关部门进行及时的处理，杜绝污染的进一步扩散，将损失降到最低。

(二) 为环境保护工作提供数据支持

当前环境保护工作已经渗透到了社会发展和人民生活的各个方面，有效的政策引导和实际的工作开展无不昭示着环保工作逐步向大体量和全范围的方向发展。机制的不断健全带来的是越发复杂和系统化的内部工作，这需要一定的整理时间和实践准备。面对着越来越复杂的环境污染问题，从生产环节到治理环节需要实现全过程控制，但是这涉及了各个方面的管理内容。

为了保证复杂的工作能够顺利展开，需要环境监测工作为其提供必要的数据引导和支持。首先是对环境治理程序和侧重点的把握。目前，从我国整体环境保护工作的执行角度来看，大气污染、水污染和土壤污染治理是较为主要的三个方面，因此根据不同项目的不同执行标准，需要选择相对应的环境监测技术来提供支持。如今科学技术发展速度快、应用水平高，已经能够持续为环境监测工作提供智力和行动力支持。这些技术被应用在不同的环境监测工作中，对环境的起伏变化进行数据总结。但归根结底，技术的应用和效率的提升都与环境监测系统有直接关系，有了应用标准和应用场地之后，技术才能发挥自己正常甚至是超常的水平。例如，通过环境监测手段来对某区域的污染源进行收集和判断，确定实际污染物质的同时也要搞清污染物质在该区域内的污染情况和污染范围，对污染物质的影响力和影像数据进行收集，最终数据才是环境保护与治理工作落实的真正依据。由此可见，环境监测工作的数据输出是制度执行的根本保障。

当前我国已经在实行环境监测制度的基础之上建立了全面的环境质量监测平台，所有监测数据的流通过程和最终走向都变得更加系统化和专业化，并且还有更先进的数字化应用技术参与，整体环境保护工作都在朝着科学化和先进化的方向发展。

（三）为污染物质的发现提供判别依据

伴随着环境保护工作的不断推进以及社会经济的不断发展，产业在生产过程中带来的污染物质和污染源数量越来越多，种类也越来越复杂。这些污染源会跟不同的环境发生作用，带来不同类型和不同程度的环境污染。为此，在环境保护工作过程中，不仅要对污染源数量进行控制，而且还要知晓每一种污染物质的基本特性，并对其影响力和影响范围进行数据查证。

环境监测技术的有效应用能够为污染物质的发现提供判别依据，环境监测可以通过对数据的实时查收第一时间发现污染源和污染物质并对其进行控制。不同物质造成的环境污染压力和污染范围也需要经过监测系统的进一步工作才能知晓。当前我国环境监测系统在运行的过程中已经形成了自己的污染源数据库，相同类型的污染源在数据库中能够找到对应身份，而新的污染物质也会通过进一步的辨别和指认被囊括到数据库中，成为新的监测对象。除此之外，在产业生产过程中，会通过产业类别、可能涉及的产业污染情况、物质释放情况等因素来判断可能会出现的污染物质种类以及污染类别，提前完成监督和管理的工作。

突发性环境污染事件具有发生速度快、污染物瞬间排放量增大、影响范围广等特征，若预防控制不及时，势必会对生态环境造成极大影响。因此，要深入开展环境监测工作，对可能产生环境污染问题的环节进行全面、系统的监测，做好针对突发性污染事件的自动监测和自动预警工作。一旦出现突发情况能及时启动应急预案，不但能够准确预判污染因子，甚至能够准确推算污染数值、判定污染程度，对症下药，精准治污。这样既能将污染问题带来的影响控制在一定范围之内，又能够提高环境监测和环境保护水平。

（四）推动经济与生态的协调发展

在社会经济不断发展的大背景下，所暴露出的环境污染问题也引发了社会各界的广泛关注，特别是现阶段经济发展和生态环境保护还存在一定的矛盾，如工业化建设和城市化进程中对生态环境造成的污染。这就需要协调好经济发展与生态环境保护之间的关系，统筹推进生态环境保护与经济社会高质量发展，前提是要通过开展环境监测工作为现代社会经济发展提供确切的数据作为参考，并在深入推进循环低碳发展、实施绿色生产、引进先进设备技术、加大环境执法力度等的过程中，找寻到一条社会经济和环境保护协调发展的道路。

二、环境监测的分类

在实际的环境监测中，监测设备及设施的专业化程度直接影响监测数据的准确性，决定其能否真实有效地反馈环境污染问题及程度。根据不同的监测对象、监测分区、监测部门、监测目的，环境监测可分为不同的类型。

（一）基于监测对象的分类

根据监测对象的不同，可把环境监测工作分为大气质量监测、卫生监测、水质监测、固体废物监测、噪声监测、电磁辐射监测、振动监测、生物监测。

常见的环境监测工作包括大气质量监测、卫生监测、水质监测。其中大气质量监测、水质监测是针对大气环境及水源进行污染物监测，以及时发现污染现象，避免其威胁人类健康。卫生监测是针对病毒及病原体等因素进行监测，对其可靠的监测结果进行分析，可起到防治疾病的目的，以打造健康生活环境。

（二）基于监测分区的分类

按照区域内环境污染情况可有效划分环境监测区域。例如，将工厂较密集的区域作为重点监测区域，将污染现象较严重的工厂作为重点监测对象。所以环境监测分区包括区域监测及厂区监测。

（三）基于监测部门的分类

为了增强环境监测工作的针对性及可靠性，逐渐细化了环境监测工作的内容，形成了特定的监测体系，包括生态资源监测部门、气象监测部门、卫生监测部门、生态环境监测部门。

根据各部门监测内容的不同，其技术要求也不同。其中生态环境监测的目标较明确，且其专业化程度高，能有效增强监测数据准确性，为环境保护工作的开展提供可靠且有效的参考。

（四）基于监测目的的分类

对环境污染问题严重或环境污染现象时常发生的区域采取常规环境监测手段，常规化开展监测工作，对当地的环境污染现象进行实时监测，以更好地进行环境保护工作。可通过监测环境掌握其各项参数，以预测区域环境污染情况及程度，促进环境保护工作的有效开展。

另外，可通过目的监测方法对环境污染现象严重且明显的区域进行特定监测。例如，针对污染严重的厂区，其生产特征使大气排放时间呈现周期性，对此可进行目的监测，以定期进行大气环境监测。

第三节　环境管理思想和方法的发展

一、环境管理思想的发展阶段

（一）环境管理意识觉醒阶段

随着我国在联合国合法席位的恢复，1972 年，我国政府派工作人员参加了在瑞典首都斯德哥尔摩召开的人类环境会议。从此，人们认识到环境污染不仅仅是资本主义国家的"专利"，社会主义国家也会产生此类问题。在周总理的关怀下，国务院制定了环境保护的"三十二字方针"。1973 年召开了第一次全国环境保护会议，开始在全国各省、市及自治区建立环境管理机构。1974 年 5 月，国务院环境保护委员会成立，委员会组长由国家计委主任余秋里兼任，副组长由国家基建委主任谷牧兼任，委员由国务院有关部门负责同志兼任，聘请科学家担任顾问。通过制定政策、行政法规和标准控制环境污染，但环境管理只是作为环境保护部门的日常行政工作，还没有提上各级政府的议事日程，环保与经济发展没有结合起来。这一时期，对环境问题的认识和环保机构的设立标志着我国环境管理意识开始觉醒。

（二）环境管理发展阶段

我国环境管理的大发展是从 1978 年党的十一届三中全会以后开始的。当时完成了拨乱反正，把经济建设提高到党最重要的工作的地位上。1979 年在四川成都召开了全国环境保护工作会议，提出了"加强全面环境管理，以管促治"的方针。1979 年 9 月颁布了《中华人民共和国环境保护法（试行）》，从此环保有了法律保障，环境管理进入了法治阶段。

1980 年 2 月在山西太原召开了中国环境管理、经济与法学第一次代表大会，成立了全国环境保护学会，举办了学术讨论会。会议提出把环境管理放在环境保护工作的首位，环境保护要纳入国民经济计划，从此找到了解决环境问题的根本途径，同时也使环境保护有了人力和物力保证。

1982 年 12 月在南京召开了全国环境保护工作会议，提出了"经济建设与环境建设协同发展，同步前进"的方针。1983 年第二次全国环境保护会议提出"经济建设、城乡建设和环境建设同步规划、同步实施、同步发展"，达到"经济效益、社会效益、环境效益相统一"，也就是所谓的"三同步""三统一"，并确定环境保护是中国的一项基本国策。这使我国的环境管理在理论认识上产生了飞跃，而且制定了正确的战略方针。

（三）环境管理走向成熟阶段

在环境管理方面，我国已经形成了以全面规划、合理布局为龙头，全面贯彻落实"三同时"制度、环境影响评价制度、排污收费制度、环境保护目标责任制、城市环境综合整治定量考核制度、污染集中控制制度、排污申报登记与排污许可证制度、限期治理污染制度八项新制度。2020 年 1 月，习近平总书记到云南进行考察，一再强调要维持生态发展平衡，在开发的同时注意对生态环境的保护。我国将加快提高资源、能源利用率，采取综合治理等科技手段，以规划定点排放、集中处理、总量控制等管理手段解决各种环境问题。

二、环境管理方法的发展

（一）采取限制措施

环境污染事件早在 19 世纪就已发生，例如，英国泰晤士河污染事件、日本足尾铜矿矿毒事件等。20 世纪 50 年代前后，相继发生了比利时马斯河谷烟雾事件、美国洛杉矶光化学烟雾事件、美国多诺拉烟雾事件、英国伦敦烟雾事件以及日本水俣病事件、日本富山骨痛病事件、日本四日市哮喘病事件和日本米糠油事件，即所谓的"八大公害事件"。由于当时尚未搞清这些公害事件产生的原因和机理，所以一般只是采取限制措施。例如，英国伦敦发生烟雾事件后，政府制定了法律，限制燃料使用量和污染物排放时间。

（二）开展"三废"治理

20 世纪 50 年代末 60 年代初，发达国家环境污染问题日益突出，各发达国家相继成立环境保护专门机构。当时主要的环境问题是工业污染和局部地区污染问题，如河流污染、城市空气污染等。

人们认为环境污染问题属于技术问题，所以环境保护工作主要是清除污染源、减少排污量，试图通过技术发展和末端治理来解决环境问题。因此，在法律上，颁布了一系列环境保护法规和标准，加强法治；在经济上，采取给工厂企业补助资金、帮助工厂企业购置净化设施的手段，并通过征收排污费或实行"谁污染、谁治理"的原则，解决环境污染的治理费用问题。

（三）预防为主、综合防治

1972 年召开的人类环境会议成为人类环境保护工作的历史转折点，它加深了人们对环境问题的认识，扩大了环境问题的范围。《人类环境宣言》指出，环境问题不仅仅是环境污染问题，还应该包括生态破坏问题。从此人们开始把环境与人口、资源和发展联系在一起，解决环境污染问题的思路也开始从单项治理发展到综合防治。

随着时间的推移，其他环境问题陆续显现出来，如生态遭到破坏、资源枯竭等问题。同时，作为环境管理主要手段的末端治理，在实施的过程中显现出各种问题，如需要投入大量资金、治理难度大、不能彻底解决环境问题等。于是，20世纪70年代末，人们提出了"预防为主、综合防治"的环境保护策略，在环境管理措施上逐渐从消极控制污染措施转向积极的防治措施，包括实行环境影响评价制度、对污染物排放同时实行"浓度控制"和"总量控制"、制定地区环境规划、推行清洁生产等。

（四）发挥司法的作用

现如今，世界各国越来越重视国家与地区的环境管理，管理方法也越来越重视司法的作用。世界环境司法大会是最高人民法院与联合国环境规划署共同主办、在环境司法领域十分重要的国际会议。2021年，世界环境司法大会在我国云南省昆明市举行，来自27个国家最高法院、宪法法院、最高行政法院的院长或首席大法官、大法官以及地方法院法官，国际组织代表和驻华使节共计160余人参加会议。以传播生态文明理念、完善环境法治规则、维护公众环境权益、构建人与自然生命共同体为目标，倡导运用法治手段推进全球生态文明建设，形成公平合理、合作共赢的全球环境治理体系，必将对深化国际环境司法合作、推进全球生态环境治理产生深远影响。

第二章　现代环境监测的基本内容

经济的快速发展也带来了负面的影响——环境污染。怎样做好环境监测工作并进一步研究制定出有效的监测策略，对环境保护具有重大的意义。本章分为水和废水监测、大气和废气监测、土壤和固体废物监测、生物污染监测、噪声环境监测五部分，主要包括水质监测的意义、水质监测存在的问题与水质监测评价、水质监测的策略探讨、大气环境监测的意义、大气环境监测的内容、大气环境监测的策略探讨、土壤环境监测、固体废物环境监测等内容。

第一节　水和废水监测

一、水质监测的意义

（一）有利于节约和保护水资源

水资源污染问题一直是环保工作的重中之重，而水资源本身的再生性取决于地球的水循环，是社会、经济可持续发展的重要保证。可以借助水质监测系统，通过对水资源的监测快捷且全面地了解我国河流、地下水等水资源的具体情况，并结合当地的实际情况进行科学合理的调控、整改与预防。依靠收集准确的水质信息快速处理好水质问题，建立起一套准确、科学的水资源管理体系。这不仅有利于水资源管理相关法律的制定，对节约和保护水资源也有着重要且长远的作用。水质监测信息的公开有利于群众保持"金山银山不如绿水青山"的环保观念，增强群众对于水资源的保护意识，肩负起每一个人应有的责任。

（二）有利于保障居民的生活卫生健康

水资源关乎民生，水的质量不过关不仅会污染环境造成资源浪费，而且也会进一步污染居民的生活环境，导致健康问题，产生不可忽视的影响。水质监测能够为民众的身体健康提供有力保障，阻断传播疾病的源头，还能有效改善排污状况，让饮用水的水质符合饮用水标准，保证人民群众的饮水安全。水与人的健康息息相关，无论是工业用水还是生活用水，都必须有严格的规定与标准。而水质监测有效地预防了工业与生活用水中所隐藏的安全问题，为居民的用水安全提供了重要的保障。

（三）有利于实现环境与经济的协调发展

在当前的全球环境中，工业发展所导致的环境污染问题愈发严重，经济发展与环境保护之间相互矛盾、难以平衡。水质监测以保护环境为重要前提，主要目的是实现绿色发展与可持续发展。开展水质监测，可以通过海量的数据精确地掌握各地水资源的详细情况，根据当地的经济状况及企业的资源能耗情况制定有效的预防措施，从而研究出既可以保护水资源，又可以促进经济发展的有效措施，实现环境与经济的协调发展。

除此以外，企业能源消耗不合理也容易导致资源浪费，水资源无法得到有效的利用。根据水质监测所提供的数据，企业能够更有针对性与目的性地规避资源浪费的问题，高效地利用水资源，形成良好的水循环利用系统，减少污染物的排放量，进一步改善水污染状况。

二、水质监测存在的问题与水质监测评价

（一）水质监测存在的问题

人类的日常生活是离不开水的，人体内外也都需要水来支撑，甚至人体的血液和骨骼都靠水来平衡。近些年，随着我国"绿色工程""生态工程"的提出、"绿水青山就是金山银山"口号的宣讲、"绿色发展"理念的深入人心，我国越来越重视环境保护，青山绿水也成为环境保护的理想目标。"绿水"就是要杜绝污染，让江河湖海变得干净，我们的日常用水才能更放心。我们这一代为此做出的努力不仅是为了自己，更是为了给后代留下"天蓝、地绿、水清"的生态环境。

现阶段，我国不断推进水环境管理、加大水质监测力度，并一直致力于为提供良好的水环境而努力，既保证了宏观经济的稳定增长，又监测着水资源的污染情况。同时，在技术上也在不断创新和研发先进的监测仪器。随着生活水平的提高，人们对生活质量的要求也更高，尤其对每日必需的水质也有着更高的要求。很多家庭从将自来水煮沸发展为购买净水器以净化自来水，或者直接购买净化好的水，水资源保护政策让更多企业投入优质水的加工、提供中，形成新的产业链。

但是，我们不能停留于已经取得的成绩中，要冷静客观地看到存在的问题。这些年全国水质污染问题依然非常严重，整体排放量依然很大，污染问题不容忽视。所以，为了保证良好的水环境，必须重视水质监测。只有水质监测行业不断发展，才能合理调控水环境，更好地促进生态环境的良好发展。

1. 水质监测体系不健全

从我国各地的水质监测现状中可以看出，部分地区的水质监测体系并不完善，有些地区甚至只有一个简单的框架，并且没有能对水质监测工作起到实际支撑作用的监测技术。除此之外，随着时代的发展和科学技术的不断进步，部分地区原有的水质监测技术已经十分落后，无法与现在的水质监测环境相匹配。所以，针对以上状况，想要改变目前水质监测工作的现状，就必须对现有的水质监测体系进行完善与升级。国家及地方水质监测部门应引进国内外先进的水质监测制度及技术，并结合我国的国情制定出完善的、能够与时俱进的水污染监测体系，从而保证水质监测工作的高效进行。

2. 水质监测缺乏科学性

随着人们对水资源的要求越来越高，我国出现了水资源短缺的问题，因为符合人们日常用水标准的水量在大大减少。这就更加要求加大水质监测的力度并扩大监测范围。但是，我国在这方面的工作做得还不够多，体系没有完全建立，指标也不够明确，部门与部门之间的配合也不够默契，重点是工作时缺乏科学的经验指导。我国从事这方面工作的工作人员的专业性不强，对于带入土壤或流入江河的具有流动性的有机物监测不到位，也不够合理。在具体开展工作时，工作人员之间会有相互依赖、节约精力、提高速度的心态。而追求速度就会忽略质量，那么通过人工进行监测分析的结果就会有很大差异，不能作为参考。这样不仅浪费了时间，而且也浪费了人力、物力。

3. 水质监测方法不完善

完善的水质监测方法可以使环境工程得到有效开展。但事实上，目前国内的水质监测方法在实施过程中偏两极化——要不过于简单，要不过于复杂，大大地降低了监测的效率，也降低了监测的质量。再者，污染物的监测一般分种类与大类，有些类别可以归为一个大类，直接用一种监测方法即可解决问题。但因其标准中又规定了需要用多种不同的监测方法，其烦琐和冗杂的工作流程也会拖慢整个环境工程的进度，最终无法发挥其应有的作用，在工程的实施过程中增加了工作难度，难以对现有的工作流程进行优化与改善。如果只是一味地用多种监测方法进行水质监测，增加了成本不说，也浪费了时间与资源，降低了水质监测工作的质量与效率。

4. 水质监测指标不明确

对于水质监测来说，最重要的就是根据监测得到的数据最终评价水质是否符合指标。所以，水质监测的指标一定要明确，这样在审核时也会比较方便。但是，我国现有的水质监测体系不够完善，对于监测指标没有形成统一的要求。保护水环境以及维护水资源的优质不仅是一个部门的责任，而且需要多个部门同时管理和监督，因此指标不够明确将浪费很多时间，还会引起一些纠纷。例如，对于地下水的监测，不仅是我国水利部门，同时也是环保部门的责任，有时国土资源部门也会介入其中。三个部门从不同的角度去监测，他们的指标不一致，且没有明确、具体的职责划分，每个部门都认为其他部门会监测得更加完善。这就会导致问题的产生，从而给具体开展水质监测工作带来很大的麻烦。

5. 水质监测仪器、设备失修

水质监测需要依靠精准的仪器和先进的设备才能获得更准确的信息。然而，我国水质监测工作起步较晚，很多方面都还不完善，一些仪器和设备并不符合实际的技术要求。若设备不达标，就难以进行高质量的水质监测工作。另外，在水质监测的过程中，现场突发情况较多，如果没有完善的应对系统，仪器、设备容易受损，无形中增加了监测工作成本。久而久之，有些企业对于水质监测的要求和标准也会随之降低，这严重地阻碍了水质监测工作的进一步发展，难以推动水质监测工作朝更高质量、更高水准的方向发展。除此以外，有些企业疏于对仪器、设备的定期维护和检修，难以确认仪器、设备当前的状况，导致所得信息不准确、不完整，这给仪器、设备后期的维修工作也增加了难度。

6.对有机污染物的监测力度不够

水体中除了含有无机污染物外，还有大量天然或人工合成的有机污染物。这些污染物难以降解，它们含有一定的毒性，并易减少水中的溶解氧，从而给生态系统和人体带来危害。还有一些持久性的有机污染物具有弱水溶性，沉积于物种身上会让它们的浓度降低，不易被监测到。尤其是进入食物链后，这些有机污染物从动物身上转移到人类身上就更难以被发现了，产生的危害可想而知。一些人工有机污染物也会给生态环境和人体健康带来巨大的破坏性和危害性，尤其是日常工业材料消耗后产生的废水以及用于杀虫害的农药，里面都含有对土壤和水源有危害的元素，当其进入生态系统后难以被监测和解决，并且成为一个棘手的问题。因为前期对水质的监测不到位，所以污染物进入水体内部和生态环境中，带来了较强的破坏性。而且，持续性的有机污染物还会携带传染病菌，让生存在水中的生物受到危害，削弱了它们的生存能力，破坏了生态系统，直接或间接地给人类带来危害。所以，现阶段水质监测体系不够全面，会漏掉很多隐性的污染物，也不能提供明确的危害指标，无论是人员配备还是仪器配套都不能做到真正意义上的监测。

（二）水质监测评价现状

1.部分水质监测评价项目不合理

水功能区水质评价主要依据《水资源公报编制规程》（GB/T 23598—2009）和《地表水资源质量评价技术规程》（SL 395—2007）。但水温、总氮和粪大肠菌群不参加评价，非常不利于对水资源质量的全面评价。尤其总氮和粪大肠菌群不再参与评价使得部分饮用水源地或湖库水质普遍"变好"，无法突显出最严格的水资源管理制度中的"最严格"要求；且部分"达标"湖泊、水库将成为应急备用水源地，实际上未进行全面监测且评价得出的"达标水"很可能是存在污染的不安全水资源。

2.水质监测评价方法及其局限性

在日常生活中，地下水是我们的主要水源，这在我国北方地区表现得尤为明显。所以，我国更加重视对地下水的保护，对水质的监测也偏向和侧重于对地下水的监测。但是，评价水质的标准因水的特性和所含元素的复杂性难以确定，评价水质的方法也不够完善。我国现存水质评价方法主要分为两大类：单因子评价方法和综合评价方法。区分二者的依据就是指标的数量和复杂程度，对于一些污染明显的区域，可以直观清晰地判断出主要污染元素，就用单因子评价方法。这个方法简单且容易计算，但是也要注意它最终得到的是独立的水质评价结果，不能代表整体的指标。如果想要得到整体指标，是要一步步进行抽样调查的，那么用这个评价方法产生的工作量将会很大。

综合评价方法主要有：①综合指数法。这个方法是对多个指标同时进行评价，运算起来也非常简单方便，逐渐成为常用方法之一。这种方法是通过确定地下水质的权重来考核其影响差异的，当然也存在评价不够全面的缺点。②人工神经网络模型。这是近几年水质监测得到关注后研发的新方法，和之前的线性关系不同，它寻求的是网状关系，让各个信息之间互相联系，弥补了单一性的缺点。而且这种方法可以结合大数据进行大规模的信息处理和分析，节省了很多人力和时间。这种评价方法内部还有多种模型，针对不同水质提供不同评价。若其不断发展，将是一种非常可靠的评价方法，当然也不能忽视它因追求"过拟合"带来的相反效果。③模糊综合评判法。这种方法属于"以毒攻毒"式，因为很多方法都不详细，存在不确定性和模糊性，所以采用这个方法主要用以弱化模糊性，让其先明确性质和范围，然后反映最真实的水质评价。因此，这个方法能够很好地区分和划分隶属关系，但在构造隶属函数时对操作人员要求更高。

由此可见，我国评价水质的方法是比较少的，受一定监测条件和监测手段的限制，不能对所有污染物监测到位，因此还需要不断探索和努力。

三、水质监测技术的分类

（一）"3S"技术

"3S"技术主要由三大部分构成，分别为遥感技术、地理信息系统、全球定位系统。"3S"技术凭借计算机技术、通信技术以及卫星技术的支持，对收集到的信息进行分析和处理。这种技术不仅能够对污水进行监测，并且监测成果十分显著，具有一定的经济适用性。

除此之外，"3S"技术本身也有着一定的缺陷。由于我国幅员辽阔、南北跨度大，因此水质也不尽相同，所以在个别地区的水质监测工作上，"3S"技术发挥的作用便十分有限。但在社会不断发展进步的今天，相关技术人员可以将"3S"技术与现有先进技术进行融合，以此来扩大"3S"技术的水质监测范围，提高水质监测的工作效率。

（二）物联网技术

物联网技术也是现如今水质监测技术中比较常见的一种技术。这种技术通过网络通信技术、射频识别技术与追踪技术对水质环境进行立体化的监测，探测所监测区域的实际水质状况以及河流断面的水量状况，并且不会对监测区域内的流域生态系统造成干扰。物联网技术会在实际监测工作过程中对区域内的水质数据进行实时收集和传输，随后进行分析，这样能够在很大程度上保证水质监测数据的真实性及时效性，方便相关工作人员提出更有针对性的解决策略，提高水质监测的工作效率。

（三）生物监测技术

生物监测技术也是现如今比较常用的一种水质监测技术，特别是针对已经被污染的水资源以及水源流域，使用生物监测技术能够有效地监测水资源的污染程度。这主要是因为造成水资源污染的原因有很多，但水资源发生污染后的主要表现为水质发生变化，而水质深受水中微生物的影响，所以使用生物监测技术能够准确把握水源环境中的微生物现状，从而确定水域被污染的具体程度。除此之外，生物监测技术还能够对水资源环境中生物的生存、生长以及活动变化情况进行监测，这样就能够形成一个完整的水质变化体系，为水质监测工作提供更加有效的监测数据。

四、水质监测的策略探讨

（一）优化水质监测体系

针对水质监测问题，需要提出针对性的水质监测指标为水质监测体系的优化提供有效依据，提取准确的污染因子为水质监测的加强提供有效的数据支持。对水质进行监测时，现实条件无法支撑按照饮用水的监测要求完成监测100余项指标的工作任务，这就需要另辟蹊径。可以围绕地区工业企业排放物种类、排污量以及地表水功能设置相应的监测指标，便于增强污染因子监测的针对性，促进区域水污染动态监管的实现。如果同一地区多年监测到的污染物含量均未超标，且污染物排放量逐年下降，就可以适当地减少对该地区的污染物监测频次；反之，如果同一地区多年监测到的污染物含量及企业排放量持续增加，就应该在日常工作中对该地区的污染物进行实时监测。通过调整水质监测中污染物种类和数量，可以促进水质监测工作的高效进行，同时保证水质监测工作的质量。增强水质监测指标的针对性可以加强对水质的动态观察，对完善水质监测体系具有重要意义，还可以有效增强水质监测工作的实时性。

（二）提高水质监测技术

提高水质监测技术有利于水质监测工作的全方位实施，满足水质监测工作的需求。在具体开展水质监测工作的过程中，要重视完善水质监测的硬件设备，改革和创新水质监测技术，为各地区配置先进的监测设备，使工作的开展形式更加多样化。随着科学技术的快速发展，还要重视水质监测和智能化管理的融合，保障监测结果的准确性，提高监测效率。现阶段，可以将等离子技术、原子吸收法等技术、手段应用到开发水质监测便携式仪器、设备中，以此来有效监测现场污染物质，比如水源中的氟化物、挥发酚等。将传统监测技术与现代技术手段结合，能够促进现代化监测技术的开发和利用，将不同技术的优势相结合，为全国性监测目标的实现创造有利条件。由此可见，国家和政府应针对水质监测的相应政策法规进行完善，开发全新的水质监测模式，为水质监测工作的转型升级创造有利条件，推进水质监测工作的全面落实。

（三）保证水质监测制度规范

水质环境的监测任务书应当起到全面指导水质监测工作的重要作用，环境监测人员对监测任务书的基本项目内容应当有完整的把握理解，进而有助于环境监测技术人员得出更加客观的监测数据结论。环境监测人员必须将规范化的基本实施思路贯穿于水质环境的整个监测业务开展过程，防止出现盲目性与随意性的水质环境监测实施状况。

水质监测现场的关键操作环节应当包含布设监测点位、设计合理科学的监测规划方案、确保水样采集质量。水质监测的操作技术人员必须妥善存储以及运输现场采集水样，运用专业化的技术方法、手段来控制水样监测中的现场采集以及数据分析质量，为制定水质环境保护的科学决策方案提供必要支撑。

水质环境的现有监测规范制度不仅应当包含宏观性的监测管理规范，同时还要将现有规范制度渗入水质监测的各个操作细节。因为从根本上来讲，水质环境的全面监测过程必须涉及多个操作实施细节，水质监测的具体技术实施人员如果不具备对细节进行规范操作的意识，那么水质监测的结果就无法提供制定正确的环保方案的支撑。

（四）选择符合要求的仪器、设备

随着科技的发展，日新月异的科学技术也在不断地超越传统，更惠及群众。在水质监测方面，各类监测设备更加便捷与先进，所拥有的功能与性能越来越好。因此，负责采购设备的人员要有意识、有目的地选择符合监测要求、标准的性价比高的仪器、设备，并进行模拟使用，以此来观察其与现场的适配度。在正式投入使用后，负责后期保养的人员要对仪器、设备定期维护与清洗，并周期性地细致记录每一台设备的使用情况，对每一台设备的清洗、维修、保养状况都要有详细而精准的记录备案。对于水质监测而言，其数据的精准性与科学性都取决于设备，一台技术先进且功能强大的设备对整个环境工程的助益是明显而关键的。有关部门必须提高对设备的重视程度，加大投入成本，实现设备的统一化，提高设备的精准度，为促进监测工作的顺利进行提供重要的物质基础。另外，对水质监测仪器、设备要定期进行参数调控，统一校准，统一规范，保证设备可以达到监测工作的具体标准，避免人为错误，最大限度地保证监测工作的精确度。

（五）实施优先监测制度

优先监测制度的使用为提高水质监测工作的质量和水平提供了重要保障，有利于合理调节监测指标。优先监测制度可以详细分析研究区域内污染物种类，优化水质监测方案，使水质监测数据更加科学、可靠。此外，结合地区不同流域的情况对有机污染物的监测指标进行优化，在标准指标监测长时间合格的情况下，重点对新增指标进行监测，重视分析和研究水污染形态，增强水质监测数据的合理性。

（六）推动水质监测模式的多样化

随着科学技术的快速发展，水质监测技术创新发展也得到了有效推动，这就需要人们重视常规水质监测工作，对水质监测模式的多样化进行创新研究。应用自动化监测系统能够促进水质监测效率的提高，将多种监测方式相结合可以充分发挥不同监测系统和监测方式的作用，保障水质监测质量和监测水平。此外，针对水质的监测，还需要融合人工监测、系统监测和污染监测等多种监测方式，以提高水质监测的效率，进而实现水质监测水平的不断提升。

（七）保证水质环境监测人员的素质

在目前的情况下，大多数的水质环境监测人员都能做到全面遵守水质监测管理的流程规范，进而实现全面控制水质监测误差的目标。然而，少数水质环境监测具体实施人员仍然没有树立牢固的水质环境规范化监测意识，因此造成了水质环境的污染破坏风险无法得到准确推测，阻碍了水质环境保护科学规划的制定。水质环境的某些监测负责人员本身不具备较强的专业技术能力，导致水质环境监测人员无法妥善收集与密封水质样本，或者存在人为操作处理失误的情况。由此可见，水质环境监测人员的整体业务素质将会给水质监测结论的科学程度带来不可忽视的影响。

（八）引进先进的水质监测理念和技术

我国的水质监测工作起步晚，所要学习的方法和理念还很多。因此，对于国外先进的监测理念和监测技术，有关部门要不惜成本地大力引进。在监测人员的培训上，要引进先进的水质监测观念，树立强烈的工作责任意识，明确自身的工作职责及工作范围。在监测的方法上，有关部门可以通过购买知识论文来丰富知识资源库，请有关专家进行研究与分析，创新监测方法与监测技术。

此外，也可以大力聘请国外专家进行科学指导与知识的传授。有关部门也可以开展技术分享会，让业界负责水质监测的人才齐聚一堂，互相交流思想与心得，互相进行切磋，共同推进我国水质监测技术的新发展。在自主创新与研发上，我国要大力吸取国外优秀的、先进的水质监测技术与方法，去芜存菁，在借鉴他人工作经验的基础上突破传统，实现技术上的自主创新。对于监测技术的研发，有关部门要不遗余力地培植人才，提高我国在水质监测方面的水平。

第二节　大气和废气监测

一、大气环境监测的意义

（一）大气环境监测是科学治理大气污染的基础

在对大气环境数据进行详细的监测后，所获取的信息可作为大气环境污染治理工作的重要参考依据，能够更好地促进治理工作的顺利进行。由于我国当前部分区域的空气已经被严重污染，环境监测部门需要对此进行深入的分析与探究，并提高重视程度。通过采用数据监测的方式，对比往年的相关数据，同时加强分析，在大气环境治理工作中通过合理的数据支持有效地保护重点污染区，通过采取相应的措施对其进行针对性的治理，不断推动大气环境监测工作的整体发展与进步。

（二）大气环境监测是执法监督的数据依据

在监测大气环境的过程中，相关人员需要根据具体的信息、数据对结果进行整体分析，获取造成大气污染的主要污染物，在大气污染治理工作中将此作为重要数据进行掌握。不断完善、健全大气污染监测数据档案，及时发现大气环境中可能存在或已经存在的大面积污染情况并进行充分的探究，对造成污染的主要污染源进行了解与掌握，进行相应的治理工作。

二、大气环境监测存在的问题

（一）监测力度不大

为了妥善解决大气污染问题，相关工作人员要采取有针对性的解决方案，提高监测数据的精准性。然而，在落实过程中，有的部门和工作人员并没有进行大气环境污染物的监测工作，也没有引进先进的设备和技术，忽视了空气质量指标的应用，无法真实有效地进行污染物的测定，使得环境污染问题愈演愈烈。在落实过程中，由于缺乏先进的设备以及高技能的人才，无法真正有效地分析大气中的各类指标，导致污染物监测力度过小。

（二）监测队伍不完善

监测队伍能力与素质水平决定了大气环境监测工作的水平，而在资金匮乏、重视度不足等因素的影响下，部分地区存在监测人员专业能力与经验素质无法胜任岗位的现象，难以在大气环境治理中最大化发挥出监测工作的价值及其功能，使得大气环境监测无法为大气环境治理工作的高水平开展提供支撑。同时，因部分工作人员素质缺位，使得大气环境监测水平有待提升。纵观当前部分区域大气环境监测队伍建设，其中部分人员虽然经验丰富，但是未接受过专业化的技术、理论教育，无法将先进、科学的理念应用于大气环境监测中；还有部分工作人员尽管拥有较强的理论素养与业务能力，但是因实践经验匮乏而影响监测工作的顺利开展。

（三）监测体系不完善

在当下的大气污染物监测过程中仍存在着各种各样的问题，在某种程度上也会降低大气污染物的监测质量。目前，由于大气环境监测体系自身发展的时间较短，在应用过程中缺乏与之匹配的仪器或设备。虽然我国的科学信息技术得到了显著的发展，但是大气环境监测设备和国外的高新技术、设备相比仍有一定的差距。再加上部分区域开展大气环境监测工作时工作人员责任意识较差，综合素养普遍较低，在实施时没有积极组建专业的监测队伍，在某种程度上阻碍了可持续发展观的实施。同时将注意力过多地放在经济发展层面，而忽视了污染物的监测，进一步阻碍了大气环境保护工作的实施。

（四）缺乏防治大气污染物的举措

在环境保护过程中，政府相关部门要落实完善的政策法规。然而，现阶段所执行的规定存在着一定的不足，这就导致在大气污染防治过程中存在诸多问题。绝大多数企业为了谋求经济效益而忽视环保政策的落实，不管是在抽查还是治理时都存在或多或少的问题，同时也缺乏处理废弃物的设施，严重影响了大气污染物的治理进程。由于缺乏完善的大气污染物防治举措，在实施时没有考虑大气环境的承受力，同时和绿色可持续发展理念相违背，产生了各种各样的环境污染问题。在生产时也没有严格地控制生产流程，可能导致操作环节缺乏规范性。

三、大气环境监测的内容

（一）颗粒物质的监测

在监测大气环境的过程中，悬浮颗粒物，特别是可吸入、可呼吸性的颗粒物，是对大气造成污染的主要物质之一。在大气环境污染中，应将对大气中的颗粒物质的监测作为重点内容。悬浮颗粒物对人类造成了严重的不利影响，会导致人类出现各种疾病，而较多的生产、生活物料也会产生直接性的破坏。在对大气环境污染程度进行判断的过程中，在大气环境监测的过程中，所测量悬浮颗粒的数值是十分重要的指标。通过不断收集悬浮颗粒物质，充分采用大气环境监测仪进行监测工作，同时对所收集的数据进行详细的分析与探究，从而得到吸入颗粒的各项信息，主要包括化学成分、总量、分布地点等方面的指标，监测相关结果能够作为数据支撑提供给大气环境污染治理的相关工作人员。

（二）有害气体的监测

近年来，我国的二氧化碳、二氧化硫成为全球排名靠前的危害性气体，随之出现了酸雨、大气污染等多种环境污染问题。而汽车尾气和工业废气等作为空气中氮氧化物和二氧化硫的主要来源，导致污染现象愈发严重。氮氧化物对人体肺部结构等造成了严重的伤害，甚至会严重影响人体的各项机能。酸雨主要是通过二氧化物在空气中遇到水分子而形成，从而对直接接触的物质，包括建筑物、植物等造成破坏。在大气层中，二氧化硫、氮氧化物会出现各种化学反应，需要通过多种手段，如化学法、分光光度法、仪器分析法等对大气中的危害性气体浓度进行监测。

（三）挥发性有机化合物的监测

挥发性有机化合物是所有能够参加大气化学反应的有机化合物，在大气环境污染监测过程中，这些化合物挥发出的危害物质各不相同，危害程度也有所不同，因此，在具体监测过程中应将有机化合物作为重点内容。由于挥发性有机化合物所涉及的内容较多，具有一定的复杂性，例如家具家电、建筑装饰、交通运输等，对人们的眼睛、皮肤以及呼吸道都会造成不同程度的刺激与影响，甚至含有较多的致癌物质，所造成的危害较为严重。基于此，有关部门需要根据具体的标准、规定严格检查具有挥发性的有机化合物，同时及时掌握大气污染物、污染源等方面的实际情况，并通过相应的措施进行综合性的治理，将其作为重点加以关注，从而减少对大气环境所造成的污染。

四、大气环境监测的策略探讨

（一）加大监测力度

站在现有的大气环境污染物监测治理角度来看，监测工作过程中要严格参照大气环境监测的标准要求。勘探大气中污染物的含量以及比重，促进大气环境监测实验室的建立，为各项监测工作提供基础保障。在实施监测工作时，还要结合节能减排理念，积极发展无烟工厂，结合低碳经济，使得生产模式更加集约、高效。不仅如此，还要加大新能源的研发力度，尽可能地降低污染物的排放量，解决环境污染问题。为了有效提高环境的承载力，在现代化城市建设中要积极提高城市发展水平，不管是在经济发展还是人们的日常生产生活中都要使用集约型能源。加大监测管理力度能够及时遏制环境污染问题，落实应急预案。

（二）全方位提升大气监测技术

现阶段，为了有效地推进大气环境污染监测工作顺利实施，要结合信息时代的发展特点，充分使用信息自动化技术、人工智能技术，建立完善的大气环境监测网络，帮助监测人员进行目标大气的采样工作。然后在实验室内进行测试，分析该区域污染物的种类，进而推断出该区域的大气污染状况。可以使用激光探测技术分析大气飘尘的浓度和位置，也可以结合红外线、电子计算机等各项技术提高监测效率。

除此之外，还可以采用 GIS 地理信息技术、GPS 全球定位系统等分析城市大气污染状况。建立完善的样品监测数据库，更好地评估总体监测状况，营造良好的大气环境。同时也可以使用电化学免疫传感器，在环境污染监测中应用此种方法，在某种程度上能有效地借助特异性的亲核反应分析抗原抗体复合物，能够在最短时间内对污染物质进行全面监测。使用无线传感器在线监测方式可以不断优化监测流程，提高监测的时效性。在应用在线监测方法时，能够通过传感器测定所需参数，借助网络将它输送至控制中心，用来测定样品。也可以借助新媒体信息手段，加大大气污染监测内容的宣传工作力度，让人们意识到环境保护的迫切性，更好地实施大气环境污染监测。

（三）重视对监测队伍结构的优化

为保证低碳、节能减排视角下大气环境监测工作的顺利开展，需要从监测队伍素质提升入手，通过优化队伍结构来提升监测水平。为此，监测机构可结合大气环境监测需求，结合以下几点促进监测队伍结构的优化。

①保证人员培训、教育工作的定期开展，结合对现阶段监测队伍人员素质的分析，定期将先进监测技术、理念等传授给监测人员。同时，借助培训工作的定期开展来强化人员基础能力，以确保监测队伍工作能力能够满足大气环境监测岗位要求。同时，定期组织人员学习先进的监测设备操作方法、监测技术，明确不同设备、仪器的注意事项，避免因人员对于相关设备操作不正确而影响监测结果的精准性。培训活动开展与培训考核相结合，通过定期考核检验监测人员通过培训所掌握的知识、技术成果，并以考核成绩为人员上岗工作的衡量标准，以确保大气环境监测工作的规范化、专业化开展。

②加大对高层次、高素质人才的引进力度，以人才储备的形式为日后大气环境监测工作的创新、改革提供支撑。立足于低碳、节能减排视角，积极引进环境监测专业的高素质人才，通过高尖端人才引进来达到监测队伍结构优化的目的。

（四）重视对先进监测技术的引进与应用

为进一步促进低碳、节能减排视角下环境监测工作的顺利进行，监测单位可结合自身条件引进信息化技术，并结合监测要求构建完善的监测信息网络，在显著提升大气环境监测水平的同时，通过减少人力投入来达到控制成本的目的。依据对当前大气环境监测现状的分析，借助智能化、大数据、云计算等技术的应用实现对大气环境的自动化、智能化监测，并依托大气监测信息化系统达成全过程化、实时化监测的目的。而为保证大气监测信息网络发挥出最大作用，要求技术人员加大对监测数据资源的开发力度，在信息网络动态化运行的前提下，通过判断实际污染情况来合理调整监测模式，进一步提升大气环境监测的精准性。

此外，还可将大气采样监测技术与大气遥感技术合理应用于大气环境监测中。针对大气采样监测技术应用，主要是依托于信息技术、物联网技术等的应用，将采样工具、传感器放置于监测目标区域，通过自动采集样品来分析区域空气质量，并第一时间将所采集信息传递至控制中心，以便于管理人员能够及时掌握区域内实际污染情况。针对大气遥感技术应用，则是在目标区域内利用卫星、光谱等技术进行污染物分布、变化及空气质量等方面的监测，以期借助先进技术来促进节能环保视角下大气环境监测水平的提升。

（五）建立完善的大气环境监测体系

在大气环境监测中，要对大气环境监测质量体系进行完善，全方位提高数据监测的精准性。建立完善的监测质量保障体系，能够有效地对测量工作进行指导，全方位提高环境治理的可行性。要对我国现有的污染物进行排查和总结，显著提高监测人员的工作效率，促进大气环境监测预警体系的建立。不仅如此，还要进一步强化对化工企业的管理工作。重化工企业要在根本上改变传统的粗犷型发展模式，减少高能耗、高污染能源的应用，及时使用绿色能源，减少氮氧化合物的排放，进一步优化空气质量，实现重化工企业内部产业升级。

第三节　土壤和固体废物监测

一、土壤环境监测

（一）土壤环境监测存在的问题

现阶段，科学技术飞速发展，新型科学技术层出不穷，不仅给各行各业的生产力带来了助力，而且也给土壤环境监测工作提供了一定帮助，这对于建立环境友好型社会具有十分深远的现实意义。当前，虽然随着技术的更新和实践经验的不断增加，土壤环境监测工作已取得了一定成就，但在社会飞快发展的背景下，现有的工作体系已经出现了一定局限性，所以，工作人员必须要在实践过程中不断积累经验，从而有效解决现存的实际问题。

1. 监测制度不完善

土壤监测工作是一项必须依托数据且需要工作人员具有较高的工作效率的工作。但截至目前，我国在土壤环境监测评价体系和气相的有关规章制度方面仍然存在较大的缺陷，同时，由于我国的土壤监测工作起步较晚，致使很多环境监测环节的效率始终无法达到预期，且部分工艺也无法快速落实，这主要是因为没有完善的监测制度作为依托。

在实际的环境监测工作中，因土壤监测工作本身的技术含量较高，所以在实施相关工艺之前，必须要有针对性地进行现场勘察，明确已知的各项信息是否准确，且现场的地形地貌和气象条件是否会随时发生变化。工作人员只有掌握这些具体信息，才能快速地调整设备，才能避免不必要的成本损失，从而保证工作效率和信息的准确性。但事实上，由于监测制度的不完善，工作人员只是简单地对几项标准化数据进行监测后便开始实施相关工艺，致使很多现实问题并未得到有效解决。

2. 缺乏专业技术人才

土壤监测工作也是一项技术难度较高的系统工程，很多工艺的执行都需要借助精密仪器，这就要求工作人员有较高的技术水平。但现在很多工作人员的技术水平还停留在应用传统工艺的水平层面，由此可以看出专业人才的重要性。而在实际的土壤环境监测工作中，由于缺少专业性人才，该行业的前景并不乐观，主要表现在以下两点。

①相关部门没有妥善完成对技术人员的培养工作。通常情况下，对于土壤监测的工作人员要进行多方培训，要引导他们将实际监测数据作为标准来衡量土壤的污染程度。但在实际工作过程中，由于土壤监测工作每一项工艺的实施都需要提前测量大量的数据，很多工作人员会通过删减部分自认为不重要的步骤来减少工作量，而且还认为缺少部分数据不会影响整体分析的准确性。但事实上任何一项数据监测不到位，都有可能给后续的土壤治理工作带来一定隐患。同时，如果后续土壤治理工作开展的基础薄弱，不仅会导致返工问题，而且还会带来较大的成本损失。

②人才流失较为严重。在帮助当地居民稳定经济收入的同时，还要缓解生态压力，解决环境隐患问题。但在实际工作中，有些技术人员认为难以获取较高的利益收入，进而选择其他高收益的工作，致使人员流失严重，后备人力资源较少。

3. 新技术应用程度不高

当前，随着社会的不断发展，科学技术不断创新。因此，现有的土壤环境监测工作已能应对复杂的土壤污染情况，而借助大数据技术还能将土壤污染的监测数据进行有效收集和输送。部分工作者甚至可以利用三维立体成像技术还原以往的土壤结构，进而为后续制定治理策略提供理论支撑。但由于我国土壤环境问题具有存在时间极长、隐患较多且多样化等特点，很难在短期内完成技术更新。

环境监测工作因其特殊性，工作量较大，施工流程极为烦琐，并且大部分工作内容都无法依靠人力完成，需要借助仪器、设备才能完成。但市面上常见的土壤监测设备通常造价极高，甚至部分高难度的工艺需要借助很多的先进仪器、设备才能实施，导致设备成本成为制约相关工艺、技术发展的主要因素。

此外，一旦在实际应用过程中出现设备损坏或停止运转等问题，既需要耗费大量的人力、物力对设备进行检验维修，还需要花费较高的成本进行设备更换。大型企业可能还可以应对这种情况，但部分中小型环境监测单位可能会因为设备损害等问题而无法开展正常的监测工作。

在土壤环境监测工作中，涉及的相关工作都需要进行数据收集、数据分析和数据传输。其中，数据收集需要工作人员提前准备传感器和信号接收器，并通过提前架设监测点位来获取各项数据的波动情况，最后绘制成图表，从而为后续工作提供理论支撑。而数据分析、信息交流以及信息传递都需要建立稳定的局域网络系统或者借助先进的计算机网络技术，但运用这些技术手段也需要提前构建信息交互平台。这就意味着除硬件设备维护以外，还要对网站的稳定性、信息传递的安全性等进行综合考量，这也会为相关单位带来更大的成本损耗。因此，部分单位、企业不会投入过多的成本构建相应的技术平台。

（二）土壤环境监测技术的分类

1. 遥感技术

土壤监测中的遥感技术主要是通过土壤生物的特点差异来进行信号识别的。因为不同的生物在电磁波的作用下会产生不同的信号，经由光谱分析的方式，也就可以对相关物体进行全面的判断，根据对这些结果的分析，也就可以确定土壤环境在不同时间所呈现出的变化规律。遥感技术下可通过红外线的方式来进行污染物的确定。如果在土壤环境污染监测中采用的是遥感技术，所配备的监测系统中包含遥感器、监控平台、信息传输设备，经由遥感器的配置，可发挥遥感器的拍摄、扫描功能，所得到的图像信息可得到专业化处理。经由处理后，对地面特征的识别更为便捷。但在技术不断进步的今天，遥感技术出现了越来越多的类型，如可见光遥感、红外遥感和 X 射线，在具体的监测过程中采取什么方式，可结合对土壤环境污染程度的考察来选择。

2. 地理信息系统

随着当下人们对土壤环境监测工作的日渐重视，土壤环境监测工作中也应用了地理信息系统。该系统是空间信息系统的集成，经由计算机软硬件的科学配置，可对被监测范围内的有关数据加以采集和分析。当在土壤环境监测中应用了地理信息系统后，为得到更为准确的监测数据与信息，可将地理信息系统与全球定位系统有效结合起来，实现对土壤背景的全面调查。在整个土壤环境监测过程中，地理信息系统的应用可发挥数据管理的作用，系统自带的功能可有效对监测中的数据加以处理，可实现综合分析与动态监测。

3. 生物监测技术

生物监测技术在应用于土壤环境监测工作的过程中，主要参照的是生物个体、群体在特定时间段内的变化规律，根据对此变化规律的把控，可详细了解被监测区域内的环境污染情况。与其他的监测技术相比较，在利用生物监测技术开展监测工作的过程中，此技术的敏感性较为突出，可从生物学的角度或者生物现象入手进行监测分析。土壤中的部分生物往往会与污染物之间出现相互作用的关系，而经由对这种作用关系的分析，就可判定土壤环境的污染情况。虽然生物监测技术有着一定的优势，但在此技术的应用中表现出较强的复杂性，主要是因为自然界中的生物种类繁多，在具体的生物选择方面要从多个角度来分析，依据对地理位置等的分析选择恰当的动植物。

4. 水平定向钻进技术

在土壤环境监测工作中，水平定向钻进技术也是非常有效的监测技术。为通过这一监测技术得到更为完整且准确的信息，在现场要科学布点并采样，使得能够在不挖开土壤表面的前提下开展样品采集工作。

与一般的监测技术相比，水平定向钻进技术的随机性突出。在具体的技术应用中可对监测区域进行合理划分，经由网格化方式，形成多个类型并由系统随机抽取。在布点数量方面，参与监测的相关人员需在实际的工作中注意考虑样本的容量要求，结合区域特点与监测要求。如果在土壤环境监测过程中采用的是水平定向钻进技术且能够规范化应用该技术，就可避免对土壤地面上物体的干扰。

二、固体废物环境监测

（一）固体废物环境监测存在的问题

1. 监测对象不明确

在环境监测中，受监测技术的限制，固体废物监测结果难以全面反映真实的问题。早期直接实施的监测仅限于大型工业机构，但经过近几年的环境治理，大型工业制造企业在环保方面做了不断的努力，同时越来越多的小企业也加入了固体废物严格管控的行列。但其他小企业和个人排放固体废物的现象仍然存在，同时基于目标的不确定性，也会造成较严重的环境污染。随着社会的发展，基于现代化生产结构的不断调整，废物的种类与日俱增，并且具有更多的特点。除了化工厂的危险固体废物外，还有大量生产生活中的废物，如建筑垃圾、生活垃圾、实验室废物和医疗废物等。对于废物要有计划地监测，不能只控制企业的固体废物排放。有许多生活垃圾具有易燃、传染性和易爆性的特征，因此，实现固体废物监测的全面性存在较大的难度。

2. 环境监测技术、设备不足

固体废物所包含的危险废物具有腐蚀性、毒性、可燃性、传染性和放射性等特性。如果要更好地利用跟踪数据，必须有一定的监测技术及硬件设备的支持，许多测试技术需要易于使用的测试设备。与其他先进的技术相比，环境监测技术及其硬件的应用还比较落后，造成了监测数据的不全面。同时在使用中对数据传递的不及时，数据不完整、不准确，导致后续使用中出现很多问题，并且也得不到有效及时的解决，严重影响了环境的治理及保护工作。

3. 监测工作的落实不到位

目前来看，固体废物环境监测工作存在着难以落实到位的情况。由于企业生产不规范，企业内部的生产管理体系不健全，导致企业容易生产出较多的固体废物，而环保部门的监管能力极为有限，监管范围较为狭窄，难以将具体的监管工作落实到位。而从我国各地区监测部门的人员配置、人员素质来看，基层工作人员的数量严重不足，且在工作质量方面难以满足要求。部分监测部门在开展监测工作的时候尚存在较大的问题，比如仅仅按照国家对重点污染物的检查要求，对重点企业内部的生产加工过程进行监测，且在监测工作开展之前发布了相关声

明。这就为一些存在着较大污染问题的企业利用政策漏洞提前对企业的生产结构进行整顿提供了便利，最终使得我国固体废物环境监测工作难以达到理想效果，为后期的固体废物处理工作带来了较大的困扰。

（二）固体废物环境监测的策略探讨

1. 完善监测体系

通过加强固体废物监测工作提高监测水平，同时也为危险废物识别提供了重要的依据。环境监测工作的开展需要在现有体系的基础上完善监测体系，对相关企业进行全面检查，积极调研工业企业，监测固体废物对环境的污染情况。防止废物隐匿排放，坚持早发现、早治理的基本原则，提升环境监测机构的监测能力。定期开展能力验证，使固体废物监测工作具备较高的监测水平。进一步评估、监测其能力，有效应用固体废物监测设施，为环境保护提供准确可靠的数据。

2. 提高环境监测技术

环境监测离不开设备和技术，对于我国不能自产的环境监测设备需要进口。积极与企业合作，对还不成熟的设备进行试验，逐步克服困难，努力实现环境监测技术的提升。通过加大财政支持力度，促进环保企业的发展，同时需要给予其良好的政策支持和适当补贴，鼓励企业研究监测设备或技术。大力支持和建设高校环境监测专业，提供必要的资金支持，让各高校把环境监测作为核心学科，组织更多的活动和更多的交流机会。应定期举办讲座，可聘请专家讲解和培训环境监测技术，必要时可组织技术人员出国考察，学习先进的监测技术，填补我国环境监测技术应用中的空白。

3. 环境监测对象的完善

随着城市垃圾的增多，个体排放的污染物也成为固体废物的重要来源。个人产生的固体废物量似乎很小，但城市生活垃圾量不小于企业。因此，基于企业或个人进行固体废物监测都是合法的。对于单项污染物，需要建立垃圾自愿收集、运输和处置体系，对城市垃圾进行监测。对重污染或危险废物进行分类，对不达标的社区要加强整改方案的落实，有关部门要核对整改情况，确保监测对象得到全面的完善。

第四节 生物污染监测

一、生物体污染途径

（一）表面附着

表面附着是指污染物以物理的方式黏附在植物表面的现象。例如，施用的农药部分黏附在植物表面，脂溶性或内吸传导性的农药可渗入作物表面蜡质层或组织内部，被吸收、疏导分布到植株汁液中。

表面附着量的大小与植物的表面积大小、表面形状、表面性质及污染物的性质、状态等有关。表面积大、表面粗糙、有绒毛的植物的污染物附着量较大，黏度大、粉状的污染物在植物上的附着量亦较大。

（二）生物吸收

大气、水体和土壤中的污染物可经生物体各器官的主动吸收和被动吸收进入生物体。

植物吸收污染物包括由气孔吸收气态污染物。例如，植物叶面的气孔能不断地吸收空气中极微量的氟等，吸收的氟随蒸腾流转移到叶尖和叶缘，并在那里积累至一定浓度后造成植物组织的坏死。植物也可由根吸收土壤、土液中的污染物。植物根系从土壤或水体中吸收营养物质和水分的同时也吸收其中的污染物，其吸收量的大小与污染物的性质及含量、土壤性质和植物品种等因素有关。例如，用含镉污水灌溉水稻，水稻将从根部吸收镉并在水稻的各个部位累积，造成水稻的镉污染。

动物吸收污染物主要指由呼吸道吸收气态污染物质、小颗粒物，由消化道吸收食物和饮水中的污染物，由皮肤吸收一些脂溶性有毒物质。呼吸道吸收的污染物，通过肺泡直接进入动物体内大循环；消化道吸收的污染物通过小肠吸收（吸收的程度与污染物的性质有关），经肝脏再进入大循环；经皮肤吸收的污染物可直接进入血液循环。另外，由呼吸道吸入并沉积在呼吸道表面的有害物质也可以咽到消化道，再被吸收进入机体。

二、生物污染监测方法

（一）光谱分析法

用于测定生物样品中污染物质的光谱分析法有紫外－可见分光光度法、红外分光光度法、原子吸收分光光度法等。

①紫外－可见分光光度法已用于测定多种农药（如有机氯、有机磷和有机硫农药），含汞、砷、铜和酚类杀虫剂，芳香烃、共轭双键等不饱和烃，以及某些重金属（如铬、镉、铅等）和非金属（如氟、氰等）化合物等。

②红外分光光度法是鉴别有机污染物结构的有力工具，并可对其进行定量测定。

③原子吸收分光光度法适用于对镉、汞、铅、铜、锌、镍、铬等有害金属元素的定量测定，具有快速、灵敏的优点。

（二）色谱分析法

色谱分析法是对有机污染物进行分离检测的重要手段，包括薄层层析法、气相色谱法等。

①薄层层析法是应用层析板对有机污染物进行分离、显色和检测的简便方法，可对多种农药进行定性和半定量分析。如果与薄层扫描仪联用或洗脱后进一步分析，那么可进行定量测定。

②气相色谱法由于配有多种检测器，增强了选择性和灵敏度，广泛用于粮食等生物样品中烃类、酚类、苯和硝基苯、胺类、多氯联苯及有机氯、有机磷农药等有机污染物的测定。如果气相色谱仪中的填充柱换成分离能力更强的毛细管柱，就可以进行毛细管色谱分析。该方法特别适用于环境样品中多种有机污染物的测定，如食品、蔬菜中多种有机磷农药的测定。

第五节　噪声环境监测

一、噪声环境监测存在的问题

(一) 监测人员技术水平良莠不齐

环境噪声监测技术性强,任何一个环节出现问题都会直接影响监测的可靠性和准确性。为了保证监测结果准确无误,需要监测人员根据现场实际情况及经验做出各种决策,分析其中存在的风险及误差,尽可能规避各种干扰因素,这对监测人员的技术水平和专业能力提出了较高要求。但结合基层监测站及第三方监测机构人才队伍情况来看,均存在技术人员综合素质良莠不齐的现象,内部人员流动性较强,培训力度不足,很难保证所有工作人员都能达到上岗水平。

(二) 对环境噪声监测重视程度不足

我国各地区逐渐扩大了监测网络系统建设规模,但大多针对空气、地表水、水源地等,很少涉及环境噪声监测。有的监测机构在环境噪声监测过程中仍然习惯沿用传统的仪器、设备,其普遍存在老化严重、精度不足、功能单一等问题,无法充分满足环境监测工作要求。尤其是对噪声监测质量要求较高的地区来说,时常出现监测数据不准确的情况,加上噪声环境污染具有分散性、动态性的特点,使用手持测试仪器很难掌握变化规律,在一定程度上增加了监测难度。

(三) 监测及评价规范有待进一步完善

在实际工作中,由于不同地区、不同企业的情况不尽相同,环境噪声监测面临的问题也存在较大差异,导致在开展监测和评价工作时缺乏准确依据。例如,小区物业电梯在运行过程中会产生巨大噪声,对居民生活和工作造成一定的影响,但我国出台的《中华人民共和国环境噪声污染防治法》《工业企业厂界环境噪声排放标准》等法律、标准中并未明确规定针对这类噪声的执行标准及解决措施,这使得相关部门在开展监测工作时无据可依。

二、噪声环境监测的策略探讨

(一) 统一监测方法

有关部门要想做好监测工作，需要制定相应的监测标准，并根据实际工作需要做出调整。要督促所有工作人员在实施监测时规范进行各项操作，能够对具体采用的监测方式是否有效做出判断。此外，在实施环境噪声监测时要注意实时收集监测数据信息，并在统一的表格中做详细记录，不能有任何疏漏；发现问题应当及时采取措施予以解决，之后重复监测，直到数据信息准确为止。如此可以提高监测工作质量，保证监测所获得的结果符合标准。

比如，在开展环境噪声监测工作时，要充分考虑实际情况，根据所获得的信息确定具体的监测点，还要选择合适的时间段，并采用同一时间段内计算平均值的方法对噪声监测结果实施等效声级计算。同时，对于所获得的各种监测数据及时做出反馈，发现问题时应当及时采取科学有效的措施解决。

国家对环境噪声划分工作高度重视，要求严格按照标准进行，要明确监测的时间段。因此，工作人员实施监测时需要分两个阶段开展工作，要做好对监测结果的详细记录，两者的数据信息不能混淆，只有这样才能确保监测工作不会存在质量问题。通常而言，确定环境噪声监测方法时需要充分考虑监测点所在具体位置及分布情况，采集区域范围内的噪声数值，并分析特定时间内的噪声数值，明确环境噪声与规定的标准是否符合。监测人员在不同的区域开展工作，对于所在地区的环境情况要充分考虑，各项工作要符合规定的工作流程。在噪声监测工作完成之后对监测结果进行验证，之后及时向有关部门反馈，确保数据信息有较高的准确性。监测工作要严谨，以有效消除城市噪声污染，确保城市居民的日常生活不被噪声干扰。

(二) 建立并完善监测制度

开展噪声监测工作时会涉及很多工作内容，为了保证监测结果的准确可靠及保证工作质量，就要实施制度化管理，建立环境监测制度是非常必要的；并且要不断地完善监测制度，每一项制度的细节都要得到落实，保证其符合具体标准，以使得监测结果有较高的准确度。同时，按照基本工作流程及相关的工作标准，充分考虑到实际工作要求、有关的国家标准以及行业标准等，将监测目标制定出来，确保各项工作内容都符合标准，以使得数据信息有较高的准确度。

另外，选择的环境监测方法要保证具有针对性，以发挥监测工作的实效。在选择仪器、设备时，对于各项指标要求也要明确，选择合适的仪器、设备，更好地发挥其功能。这就需要工作人员严格按照规范开展监测工作，并遵守规定的流程，确保监测结果有较高的精确度。在进行实际环境监测工作的过程中，可以采用网格化的分布方式，还要明确具体的分布点，并根据实际范围适当地做出调整。

（三）提高监测人员技术水平

环境噪声监测部门在人才选拔过程中要拓展招聘渠道，优先选择环境相关专业毕业的人才，确保引入的人才专业能力强、技术水平高，以此来充实一线队伍；并重点关注监测队伍人员的稳定性，防止人员流动频繁导致业务能力降低。要做好监测人员实际操作培训工作，重点针对噪声环境监测相关案例及技术规范实际应用，全面提高监测人员技术水平，提高监测人员自我提升的意识，确保其能够在实际工作中不断积累经验，积极学习现代化监测方法，能够熟练地运用监测方法处理突发状况。要做好环境监测人员的后勤保障工作，要公平、公正对待人才，适当提高监测人员的薪资待遇，提供合理的岗位晋升空间，调动监测人员的主观能动性。

第三章 现代环境监测的质量保证

环境监测是环境保护中的基础性工作，需要高度重视环境监测中的质量管理，科学分析各种监测信息，借助监测结果准确把握环境质量，合理制定环境保护策略，打造适合的生存环境。本章分为样品采集的质量保证、监测实验室的质量保证、监测方法的质量保证、数据处理的质量保证四部分，主要包括影响样品采集质量的因素、提升监测实验室质量的对策、影响数据处理质量的因素等内容。

第一节 样品采集的质量保证

一、影响样品采集质量的因素

（一）预处理因素

在环境监测工作中，取样是一个非常关键的过程，它很容易受各种因素的干扰，进行取样时的工作烦琐而复杂。要进一步确保取样工作的质量，就必须对取样人员进行科学、合理的分配，确定取样目标和具体要求，并对监控程序进行优化，确保后续工作顺利进行，使有关因素对监测结果造成的不利影响降到最低。所以，有关部门要根据监测资料的来源和环境特征，选择合适的取样地点和仪器，保证所提供的资料准确、可信。

（二）材料设备因素

在进行环境监测的现场取样时，应根据现场的具体条件进行取样。这就要求有关部门做好材料和设备的相关管理工作，规范取样程序，使用适当的取样设备对环境进行监测。因此，取样装置对取样质量有很大的影响。若取样装置选用不当或检定、校正不当，都会对取样质量产生不利的影响。当然，仪器故障等问题也会造成十分严重的影响。

（三）耗材控制系统

硅胶管、滤筒、滤膜、吸收瓶、玻璃针筒、气袋等都是在现场取样时经常使用的耗材，这些耗材的总体状况会直接关系到取样的质量。为进一步改善环境监测的现场取样状况，必须加强对耗材的管理，并构建相应的监控系统。既能保证取样样本的质量，又能使环境数据准确、客观、可靠、有效。另外，在辅助材料的选用上，有关部门要根据有关的技术规程和管理规程，对产品的选型、质量等进行严格的管理，确保产品的质量。

（四）采样现场因素

我国环境保护督察的现场取样工作仍处于较低水平，一些监测点的取样工作都是基于以往的工作经验开展的，很难确保其准确性和科学性，有时会造成资料性错误，从而影响到环境监测的可信度。所以，在进行环境监测的现场取样工作时必须设立一名专业的工作人员，对取样过程进行全方位、实时、有效的监控与监督，强化取样点的质量监控和有效管理工作。尤其是在仪器等方面，要做好维护保养等一系列工作，以确保每一次的工作都能顺利进行，以保证数据的准确性和客观性，从而延长仪器的使用寿命。

二、提升样品采集质量的对策

开展环境监测的现场取样工作既是保护环境的一个重要依据，又是节约环境成本和提高环境效益的一种有效方法。在科技进步的今天，不管是在取样的基本设备还是在取样方法方面，都与以前有了很大的差别。但是，由于现场取样工作的复杂性和区域间的现场取样存在着巨大的差别，目前国内的现场取样工作存在诸多问题，从而使取样的可靠性受到了极大的影响。因此，要充分发挥现场取样工作的功能，减轻工作压力，既要充分意识到目前的环境监测工作中的主要问题，还要有计划、有目标、有针对性地找到解决对应问题的对策，为我国环境保护工作保驾护航。

（一）科学有效的环境监测方案

在进行环境监测时，有关部门应注重现场取样，充分认识到其对环境监测数据的准确性和客观性的重要程度。根据具体的环境条件，制定科学有效的环境监测方案和技术措施，实现环境监测工作的科学化、合理化、高效化。为此，有关部门应以监测目标为指导，对监测目标进行细化，包括监测目标、监测对象、监测手段等。只有通过对监测目标进行界定，才能使其更加科学、合理，才能使其更好地指导环境监测。该方法可以使环境监测的现场取样工作得到有效的改善，并提出了相应的监控计划，以适应不同地区的具体要求。在监测内容、监测标准、仪器管理、样品保存、运输、取样记录、取样人员安排等各个环节都要综合分析，贯彻取样的根本原则，不能随意取样。另外，取样时容易发生各种突发事件，从而对取样的质量造成一定的不利影响。因此，在出现突发情况时，应及时采取相应的应急预案，及时采取相应的对策，确保现场取样的质量。

（二）前期准备工作落实到位

在开展环境取样工作之前，有关部门要做好前期的准备工作，为发挥环境监测的作用打下坚实的基础。采用这种方法既能改善取样的质量，又能达到预期的环境监测目标，从而有效地推进环境监测工作。特别要明确取样人员，明确其任务和具体要求，检查取样地点的设置是否合理、科学，分析并评价其可行性。与此同时，取样的工作也要深入现场，一定要全面地检验仪器，保证仪器的工作性能。相关工作人员也要提前进入采样点，熟悉采样点的情况，根据实际情况确定采样、保存和运送样品的方法。这些前期工作的顺利进行，在一定程度上来说可以提高取样的质量，从而达到预期的环境监测效果。

（三）制定标准的现场取样程序

有关部门应重视取样过程中所采用的各类仪器和装置，充分认识到其对环境监测资料的影响。做好对仪器的维修和维护工作，保证其所有的性能参数都在有效范围之内，并做好相关的检查和存档，以进一步提升环境监测设备的运行和管理效率。同时要与时俱进，对现有的仪器、设备进行改造，把在取样过程中可能受到的不良影响降到最低。在取样过程中，工作人员要对样品进行分类和整理，根据实际条件对现场采取的样本进行检测。取样完成后，再根据试样的性质加入相应的固化剂，以确保试样的效力。同时还要做好一套完整的记录工作，然后有关的工作人员应将其密封，收集一次样本后应立即进行替换取样工具，避免发生相互传染。而对于需要冷藏的标本，必须存放在冷藏柜中，以便保证样本中的成分稳定。

（四）完善仪器管理体系

有关部门应加强对取样仪器的控制和管理，确保其客观、准确。对环境监测样本来说，取样设备的灵敏度、精确度和稳定性都是影响采样质量的因素。因此，有关部门要做好设备的日常保养和维护工作，并在使用过程中严格遵守有关规定，严禁恶意破坏设备。安排专门的工作人员管理、维护和校准取样设备。当发现该装置出现运行问题时，应立即进行详细的记载，并立即进行维修和处置。

（五）合理建立监测站点

在环境监测中，监测站的设置直接关系到现场的取样效果。作为一名环境监测工作人员，不仅要有扎实的专业理论和丰富的实践经验，而且还要有一定的随机应变能力，不拘泥于传统的条条框框，也不会因为简单就随便选定一个监测点，而要按照现场具体条件进行科学选址，从而增强取样的广泛性和重现性。

此外，在取样时还要考虑天气、温度、湿度等因素对取样质量的影响，尽量不受环境的干扰，例如，要避免雨天、雪天。在进行现场取样时，土壤取样是常见的一项工作，但由于表层土与深层土之间存在很大差别，取样时应按需要选取相应的取样地点。总之，在实际工作中，合理地确定监测站的选址既能获得更多的资料，又能减少监测费用，有利于改善监测工作。

第二节　监测实验室的质量保证

一、影响监测实验室质量的因素

（一）人员因素

环境监测实验室的运行并不是一个简单的过程，往往会对人员自身的素质提出更高的要求，这也是让各个环节都可以发挥实际作用的前提。常规的人员因素主要包括以下几个方面。

①很多实验室内部的人员并不具备相应的能力，因此也就无法更好地从事与实验室管理有关的工作。

②即便是经验丰富的实验人员，在面对一些精准环节时也容易出现较大的偏差，最终就会引发较大的实验失误。

③多数实验结果并不准确，因此无法为整个实验过程提供参考性意见。

④有些实验室工作人员自身的经验并不丰富，在做实验的过程中存在较大的随意性，最终并不能直接控制实验的质量。

（二）仪器、设备因素

如果实验中仪器、设备的质量存在问题，势必会影响整个实验的质量。通常而言，与实验仪器、设备有关的因素包括以下几点。

①有些实验操作人员的经验并不丰富，不仅无法选择真正合适的仪器、设备，而且所选择的仪器、设备本身就存在非常明显的问题，最终自然会存在较为明显的缺陷，影响最终的监测结果。

②有些实验设备的型号与实验过程要求的设备并不匹配，甚至无法满足实验环境的要求，最终就会直接干扰监测的结果。

③有些实验人员并没有采用合适的手段来检查不同的实验仪器，最终直接干扰整个实验环境。而如果没有采用合适的手段来维护不同的实验设备，自然会给实验的结果带来一些偏差。

（三）操作规程因素

多数环境监测实验中内部的操作规程往往非常不标准，主要存在以下几个方面的问题。

①实验的操作规程往往不太规范，在做实验的过程中也会产生诸多人为误差。如果实验过程中任何一个环节出现问题，则会产生新的问题。

②如果没有采用合适的手段来安装实验设备，自然会直接影响实验结果最终的准确性。

③即便在做完实验之后产生了一些新数据，如果所产生的数据出现了问题，也会影响整个实验过程。事实表明，如果数据信息不准确或者计算方式不合理，都会影响实验结果。

二、提升监测实验室质量的对策

（一）加大对实验室的投入力度

环境监测实验室质量管理并不是一个短暂的过程，因此，加大人力、物力和财力方面的投入力度显得尤为重要。重点可以采取以下两点措施。

①加强对专业人员的培训，注意让工作人员多学习与实践，这样才能够让其在实验中掌握与环境监测相关的业务知识。

②注意采用不同的方法来有效地建设环境监测实验室，处理一些较为破旧的设备，引入各类光谱仪器、紫外分光光度计和便携式红外仪器，这样才能从根本上优化环境监测工作。

（二）强化管理各项仪器、设备

大多数环境监测实验室需要借助各类不同的程序和方法来更好地提升设备管理的标准。但是，由于大多数环境监测实验室内部的物质较为多样，这样就在无形中增加了实验室管理工作的难度。具体可以采取以下两点措施来更好地强化对标准物质和仪器的管理。

①对监测站内部所有的专职人员进行全方位的管理。完成实验室工作中的每一个目标并不容易，因此广大质检人员可以在分析计算机数据库内部的内容之后强化对标准物质的管理。

②在做一些高难度的环境监测实验时往往需要运用一些精度较高的仪器，为此，应该设置专业的部门和人员对这些仪器进行统一管理。作为环境监测实验室内部的专业人员，一定要定期对设备的精确度和灵敏度进行检测，并做好定期维护和核查工作。

（三）使用多元化环境监测实验室管理方法

质量保证是进行环境监测工作的重要基础，主要涵盖与监测数据精准性有关的所有内容。在进行实验时，专业人员需要使用多元化环境监测实验室管理方法来更好地进行实验。具体包括以下几种方法。

1.测定空白实验值

空白值的高低、密度和分析方法与检测的结果有着直接关系，而实验用水的质量、试剂的纯度、试液配置的质量、玻璃器皿的洁净度与实验的结果也有着直接的关系。正因如此，空白实验值的测量往往会变得非常不稳定，专业的实验人员需要将每次实验的结果都控制在一个具体的范围内，只有让空白实验值不高于规定值才算达标。

2. 测定检出限

检出限的测定也是一种常用的实验方法，这种方法就是依靠程序中的值来测定相关物质的下限值。

3. 应用实验室质量控制技术

当前，环境监测实验室监测技术并不可以被归为单一的一种，而是由多种类型组成的，其中包括平行样分析、标准物质对照分析、质量控制图和其他不同类型的质量控制技术，这些技术都发挥着重要的作用。

（四）加强全程实时监管

在环境监测实验室不断运行的过程中，只有对实时监管予以足够的重视才能让结果变得更加精确。专业人员不仅需要有效地了解操作过程中可能会存在的问题和各项干扰因素，更需要对整个实验过程进行全面的分析，这样才能使整个监测结果变得更加精准，防止在做实验的过程中出现错误。具体实践中可以采用以下两种方式来提升监管的效率。

1. 加强对标准仪器的管理

在全面监控的过程中需要强化对标准物质和仪器的管理，这样才能够更好地提升实验室内部的管理水平。具体可以采取以下几点措施。

①在进行实际管理时会存在数量少、管理难以及其他方面的问题，因此，在实际管理时，监测实验室一定要派遣专业的人员来管理实验，以便更好地提升监测的质量。

②在进行实验监管时可以借助计算机来管理整个过程，并在第一时间及时发现使用过程中存在的各类问题，最终才能够更好地提升其管理水平和效率。

③注意严格管理实验室内部的所有设备。由于大多数环境监测实验都比较复杂，因此，在监管实验的过程中，相关人员一定要采取不同的策略，从而不断地完善仪器的使用过程。

2. 正确使用各类溶液和标准样品

在对实验进行全面监管时，专业人员一定要学会正确使用标准样品。具体可以采取以下几点措施。

①广大实验室内部管理人员一定要充分重视对标准物质的管理，并充分重视每个实验环节。

②应当让实验的每个环节都变得更加精准，并注意在发放标准样品时匹配相同单位的标准溶液。

第三节　监测方法的质量保证

一、影响监测方法质量的因素

(一) 监测方法的内容

部分环境监测方法内容不够全面，目前，部分领域没有形成完善的环境监测方法标准体系。例如，一些污染严重的行业产出大量有机污染物，但是目前缺乏相应的环境监测方法，会造成环境恶化。另外，在环境监测方法标准体系中很少有通用的标准存在，造成工作强度的增加。

(二) 监测方法的标准

1. 系统性和科学性有待增强

就早期制定的标准而言，由于认识不到位，人们对其适用范围没有明确的认知，导致监测方法单一。尽管监测方法的标准较多，但是其系统性和科学性还有待增强。因系统性和科学性欠缺，规则制定和类别划分容易出现偏差，使标准体系更加繁杂无序。

另外，缺乏系统的分类规则，导致获批的监测方法标准不合理，甚至出现重复立项的情况。各种监测方法的目标大多有重合和交叉，导致标准矛盾和混乱。面对不同的污染物和自然环境要选择不同的监测方法标准，还要考虑技术水平和监测效率，不能盲目选择。

2.适用度有待提高

当前我国环境监测方法标准大多借鉴发达国家的成熟经验。但是，国情毕竟存在差异，环境管理情况也不相同，导致国外的环境监测方法标准可能并不适用于我国。盲目参考国外的环境监测方法标准会导致其适用度不高，甚至出现副作用。如果不根据我国国情来构建环境监测方法标准体系，那么使用时会出现严重的问题，导致测定结果与预期结果产生偏差，最终事倍功半。因此，在制定监测方法标准之前要进行实地研究和调查，了解我国环境现状，不可盲目进行。

二、提升监测方法质量的对策

（一）完善监测标准体系

在当今社会，环境保护已成为生活、工作中不可或缺的一部分。在这样的大环境的影响之下，与环境保护相关的各方面工作已经越来越重要了，因此需要建立完整的行业体系。而相关体系的建立应当以达到环境保护要求为目标，减少污染物的排放量，使污染总量得到更好的控制，从而达到环境保护的要求。而我国目前的监测标准体系并不完善，因此需要不断地修改完善，结合我国不同领域的实际情况，采取科学有效的方法建立完善的监测标准体系，从而达到环境保护的要求。

（二）增强监测标准体系的协调性和适用性

从当前来看，在我国环境监测标准的制定过程中，要选取恰当的方式方法，采集到准确无误的数据，从而满足质量方面的相关要求。另外，在不同领域监测标准的制定过程中，也应当广泛征集有效的信息并对这些信息加以审议，只有通过这样的手段，才能使其在往后实际领域的运用中能够得心应手，具有更高的可信度。无论制定任何准则，都需要做到明确其适用范围，并与监测所得到的数据进行对接，以免出现数据错误或者范围不明确的情况。

在对国外监测标准进行研究的过程中，要明白其对于我国的适用性，具有价值的方面应当虚心接受；而对于与我国实际不符的内容则应当摒弃，不应一味崇洋媚外。不同的国家由于地域、文化等方面的差异，都有自己独特的监测标准。

我们要做的是不断与时俱进，不断更新完善监测标准，使我们在相关领域能够独树一帜。

在环境监测的过程中，工作人员应当对征集的各类意见和审议结果进行详细的分析，从而得出最为准确的结果。为了避免在环境监测中出现问题，工作人员需要仔细核对测定方法和范围，并与相关化验人员进行准确的工作对接，从而保证每个时段监测结果的准确性；并需要对结果开展验证工作，从而使我国的环境监测方法更加实用和准确。

在我国环境监测方面，相关工作人员要认真负责，按要求进行相应的检验，必须严格遵守相关工作的各种规章制度。在监测过程中需要到实地进行调查研究，根据当地气候、环境的实际情况选取最有效的环境监测方法，利用该方法取样并分析得出最终结果。

（三）加大环境监测基础研究力度

现如今，我国存在着一种污染物没有达到指标就不去控制的病态现象。当这种污染物造成的环境损失非常严重的时候，环境监测方法的改进才会引起重视。如果环境监测方法不够先进，那么就需要尽快去改进从而让环境监测方法体系能够更加完善。

要想使环境监测方法体系变得更为完善，必须得有针对性地投入大量的人员和资金，这会使监测方法更加完整从而更好地发展。在未来，可能还会碰到其他没处理过的环境问题，就需要我国提前进行全方位的考虑以便今后更好地去处理这些问题。一套完善的环境监测标准体系能够加快环境监测事业的大力发展。仅仅引入高端技术并不能真正地完善环境监测体系，想要使该体系更加全面，在完善的过程中需要对监测标准、内容进行完善等。

在制定监测标准时，要看到我国经济发展的趋势将引起的未来几十年的环境问题的重心转移方向，在监测指标方面具有前瞻性；监测分析技术的前瞻性应结合我国监测技术发展水平，适度采用成熟、可靠、高效的新技术，形成适度超前于现行污染监控体系需要的环境监测方法标准体系。

第四节 数据处理的质量保证

一、影响数据处理质量的因素

（一）现场监测技术的影响

1.现场采样操作的规范性

我国对现场采样点位的确定有相关的法律标准与监测技术规范，但往往现场采样时会被外界各种因素影响，其中不确定因素占比较大。例如，在对某一工业企业进行废水采样时，忽视了工业废水污染物浓度和流量随时间变化的特点，没有针对废水非稳定流体的特性同步进行流量监测和样品采集；未严格执行监测程序，流量监测的距离和次数均少于规定要求；样品是否具有代表性往往受现场采样工作的规范性的影响。目前现场采样质量控制仍然是环境监测非常薄弱的一个环节，采样工作过程不仅需要利用采集现场空白、全程空白等质控手段，还要根据不同的监测任务制订合适的监测方案及质量控制方案，加强对采样过程的监督、指导和管理，为整个监测工作获得准确结果奠定坚实的基础。

2.样品运输及保存的规范性

在完成现场采样后将样品运输至实验室的过程中，环境监测样品极易受到某种污染而影响分析结果的客观真实性。例如，一部分样品在保存过程中必须依靠低温与加固定剂等来保证数据不受影响，但是在实际工作过程中极易受到现场情况与工作疏忽等因素的影响。如果在样品运输与储存环节出现交替污染，即使实验室工作再精准，也会在最后的监测数据结果中产生误差。为确保分析数据的可靠性、准确性，必须严格遵循采样技术规范，采样完成后应尽可能快地进行实验室分析，避免样品存放时间过长，影响分析结果的准确性。

（二）实验室分析技术的影响

在进行实验室分析工作时，监测方法的选择对于最终结果十分重要，必须根据实验室条件与采集样品的真实状况科学选择监测方法。例如，在重金属监测分析中，必须对浓度与介质不同的样品分开监测，运用的处理方式和分析方式也不同。监测仪器、设备的精确度对最终数据影响较大，根据各类环境监测机构日常工作中的经验，用不同的仪器、设备对相同的样品进行检测，最终的数据结果也存在差异。一旦实验室使用的监测设备的精确度与稳定性不高，数据结果也会受到影响。实验室分析是一个比较复杂的过程，受人员、仪器、试剂、方法等诸多因素的影响，所以保证分析过程的各个环节处于受控状态，得到准确可靠的监测数据，满足质量控制要求，是整个环境监测工作的重点。

二、提升数据处理质量的对策

（一）提升数据监测准确性

在生态文明建设背景下，切实提高环境治理工作质量，就必须提高环境数据监测的准确性，保证监测过程的科学性。

首先，监测人员必须持证上岗。当前，生态环境监测领域仍有监测人员无证上岗，这些工作人员做出的监测数据基本上没有准确性保障，产生纠纷后都会以无效数据处理。在此背景下，生态环境监测机构必须严格把控监测人员资质，要求在岗人员定期考证，切实保证生态环境监测队伍的专业性与规范性。

其次，要加强对环境监测设备的更新与维护。在进行环境设备检测维护的过程中，要定期对仪器、设备进行校准鉴定，只有充分保证环境设备的精细度、先进性，才能切实保证监测出来的数据能最大限度贴合当前环境质量。

最后，构建良好的环境样本采集实验室。切实为环境监测工作提供空间保障，切实提高研究水平与质量。

（二）提高数据代表性

在环境监测过程中，由于污染物的分布时间与空间不同，不同区域的环境质量也不同，若是需要对区域环境做出全面的监测，就必须针对污染物分布特点进行样品采集。

首先，在进行样品采集的过程中，要采用多点采集的方式，慎重选择采集样本。在此基础上提高采集频率并进行有效确定。

其次，应当从大气环境、土壤环境以及水环境等多方面选择样品；此外，应当建立科学完善的样品储存以及运输体系，最大限度保证样品质量。

最后，在采集样品的过程中，相关领导部门要针对样品进行签字确认，构建追溯制度。

(三) 提高数据完整性

在环境监测过程中提高数据完整性可以体现环境整体情况，并为对照问题提供全面的数据支持。因此，在监测过程中要通过规范、标准的实验过程对样品数据进行分析，并提高监测结果的可靠性与科学性。只有充分提高数据监测的完整性，才能在后续的工作中及时探究问题本质，才能切实提高环境监测数据的可靠性，切实增强监测效果。

第四章　现代环境管理的手段

随着生态环境形势的日益严峻，迫切需要对环境管理手段进行分析与创新，以满足经济效益、社会效益与环境效益的和谐统一要求。本章分为环境监察、环境监控、环境预测、环境标准、环境审计五部分，主要包括环境监察的价值、环境监察的问题、环境监察的策略、环境监控系统及其构成、环境预测的概念、环境预测的方法、环境标准的概念、环境标准的类型等内容。

第一节　环境监察

一、环境监察的价值

生态环境保护并不是一朝一夕的事情，也不是以我国一国之力就能够解决的。但是，作为一个负责任的大国，我国已经肩负起了对生态环境的保护任务，尤其是对本国生态环境的保护。做好环境监察工作能够产生很多的积极效果，从以下几个方面出发，本节对这一问题进行了思考和探讨。

首先，做好环境监察工作有利于增强公民的主体意识，充分发挥公民在生态环境保护中的主体作用。对环境的监察工作并不能依靠政府进行，而是要依靠整个社会进行。公民作为国家的主人，应当充分发挥其主人翁的作用，为我国的生态环境保护提供支持。要帮助公民意识到生态环境保护的重要性，充分调动公民进行生态环境保护的积极性，这样既有利于环境监察工作的顺利进行，同时也给环境监察工作带来积极的意义。

其次，做好环境监察工作有利于减少企业的污染物排放量。企业进行生产的过程中肯定会产生很多垃圾，但是如果能够对垃圾进行有效的降解，就能够减少对于环境的污染。一些企业在进行生产的过程中所产生的垃圾并没有经过有效的降解，因非法排放污染物造成了环境污染。其原因在于如果进行生物降解，可能会增加企业的成本支出。对于生态环境而言，非法排放污染物造成了环境变差的结果。如果能够做好环境监督和管理工作，那么就能够减少企业在生产环节的污染物排放量。

最后，做好环境监察工作有利于保护环境。在进行环境监察工作的过程中，公权力的介入能够有效地预防企业的非法行为。同时，公权力的介入还能够对企业的违法行为进行事后的规制。双管齐下更有利于环境保护工作的进行，减少企业的违法行为，加强对环境的保护。

二、环境监察的问题

（一）环境监察力量薄弱

近年来，随着我国经济实力不断攀升、经济发展速度逐渐加快，环境监察范围在不断扩大，相对应的监察工作愈来愈繁重。在现有环保法律体系不完善的背景下，环境污染物容量饱和现象仍然存在，环境违法行为、环境突发事件偶有发生，环境风险防范工作对环境监察执法、监督、事故预警及防范处置能力等提出更高要求。

由于我国目前环境监察人员配比较低、设备陈旧及技术落后等，在面对日益复杂的环境问题时，出现不能及时响应处理、强制纠偏、直接监督和快速反馈等局面。环境监察工作人员的专业性不强、综合素养不高，环境监察人员配比不足即需要增加每个工作人员的任务及责任，这导致环境监察工作人员的责任、任务和能力不吻合，产生力不从心、丧失工作积极性的现象，不利于环境监察工作的开展。

（二）环境监察手段落后

环境的复杂性极强，加大了环境监察工作的难度。同时环境监察的法律依据不足，当前关于环境监察的法律法规零星分散于环保法中，导致环境监察法律体系不完善、环境监察工作缺乏主要依据等问题，影响环境监察查处效率及力度。机制方面存在环境监察主管部门及服务部门权责不明，与水利、公安、银保监会、商务部等多部门沟通不多、未建立协作机制，"单打独斗"地推进开展环境监察工作，无法达到新时期的环境监察目标。除引进环境监察内部设备与技术以外，环境监察部门与其他各部门未建立有效的信息数据共享平台，阻碍信息互通，形成信息断层或断联情况，影响环境监察工作的效率。

（三）环境监察执法力度不够

在进行执法工作的过程中，还应当考虑当地的经济发展问题。对于执法部门而言，做好执法工作是其本职工作。但是，执法工作受到当地经济发展水平的影响。在执法过程中，一些工作人员对企业的排污工作进行监督和管理影响了企业的正常运转，导致当地的经济受到影响。同时在执法过程中，设备的缺失也给执法工作带来了消极影响。并且在环境监察执法阶段，由于现有的执法队伍人员综合能力欠缺，在工作开展阶段不能以科学有效的方法解决存在的问题，相关工作存在相互推诿或者相互依赖的情况，如此就会给各项工作的开展造成很大的影响。

（四）环境监察缺乏良好的社会氛围

执法部门在进行环境监督和检查的过程中，需要面临来自社会民众的质疑。环境问题已经成为社会关注的重点问题，执法部门在执法过程中需要提高自身的素养，在工作过程中避免与公众产生冲突。如果能够减少这种现象的产生，那就能够帮助环境监察工作顺利进行。正是由于缺乏良好的社会氛围，环境监察工作无法顺利进行。

（五）环境监察工作人员综合能力有待提升

工作人员的综合素质水平，对于执法工作而言十分重要。如果工作人员的综合素质水平较高，那么在工作的过程中就能够减少与公众的冲突。同时，高素质水平的工作人员在执法的过程中能够有条不紊地进行，为执法工作提供效率保障。相反，如果工作人员的综合素质水平较低，那么在执法的过程中就可能会受到各种因素的影响，制约执法工作的顺利进行。对我国当前的执法工作人员综合素质水平进行考量后发现，工作人员综合素质水平参差不齐。目前，我国南北方各个城市的经济发展水平不同，城市中的执法人员的综合素质水平也有所不同。同时，由于政府部门的级别不同，不同部门工作人员的综合素质水平也会出现差异。如何解决这个问题应当成为思考的重点问题之一。有效地解决工作人员的综合素质水平问题，能够促进环境监察工作的顺利开展。

三、环境监察的策略

（一）提高社会多维度治理水平

加强环保部门与多部门的有效联动协作，建立完善的协调合作机制，汇聚多方力量，为环境监察工作提供强有力的背景保障。联合司法、公安、工信等部门对环境违法犯罪行为定罪量刑，同频合力打击破坏环境的违法行为及活动；联合商务部加强对出口产品或企业的环境监管，提高企业环境违法成本，促使企业重视环保工作并形成环境污染有效治理内部体系，变被动为主动，积极参与到环境治理及自察的内循环中，有效改善生态环境质量。

此外，创立以上各部门大数据平台以加强各方信息共享、意见交流。从国家层面利用舆论加大宣传力度，组建环保类社会公益组织，与环保部门形成合力，实现国家、社会、人民对企业进行共同监督。

（二）转变环境监察工作理念

意识对行为具有指引作用。如果能够跟随时代的发展不断地转变思维，那就有利于实践中的工作开展。这对环境监察人员的综合素质水平提出了更高的要求。在新形势下，应当不断地转变工作理念和工作思路，提高工作效能。

首先，工作人员在工作过程中，应当做到事前预防和事后规制相结合。执法工作人员在工作过程中应当做好对于企业的监督和管理工作，而不是等到企业出现违法情况之后再进行惩罚。

其次，工作人员在工作的过程中，应当做到日常检查和突击检查相结合。违法企业为了获取经济利益，在生产的过程中可能会利用各种各样的方式从事违法活动。为了有效地查处违法活动，工作人员应当转变思维，从各个方面出发制止企业的违法活动，保护生态环境。

最后，在工作的过程中，监察部门应当做好自身的建设工作。环境监察部门必须保证自身的廉洁性，在执法工作过程中应当做到有法可依，严格依照法律规定进行。对于执法工作人员而言，也应当依法对违法行为予以惩治。同时在环境监察工作开展的过程中，还需要将先进的工作理念融入实践当中。例如，将精细化的管理理念或者是人性化的管理理念融入工作中，这样工作人员就能够严格按照最新的管理理念开展各项工作，如此就能够达到社会和谐的目标。

（三）打造专业化环境执法队伍

提高环境监察机构内部的科学化、智能化、信息化、系统化、专业化水平，如设置对外交流合作部，主要负责内外联络沟通工作，科学合理分工，规避工作内容及责任混乱问题。与此同时，对大数据方面高素质人才的引进可提高环境监测质量与水平。引用智能化信息系统高效处理环境监察数据，逐渐建立健全环境监察体系，提高数据准确性及系统性，归纳分析出影响环境的因素；并建立环境预警监察机制，设置预警值或浮动区间预警值，高效、实时对环境实施监控监察。

另外，加大环境监察工作人员的培训力度，提高信息技术工具的利用率，加强跨区域、同行业交流学习，建立信息共享平台，取长补短，提升整体环境监察执法能力。创设科学、多角度的环境监察考核奖惩机制，可有力提高环境监察工作人员的自查检省程度，设置行之有效的考核奖惩机制，有利于提高监察工作人员的工作热情及效率，有助于环境监察管理体系的完善。

（四）优化监管主体结构配置

确保环境监察主体结构的合理性是实施环境监察的基本保障。

一是建立一个独立的、专门的环境监察机构，完善环境监察机构的标准和权限，将国内生产总值真正纳入环境绩效评价体系。

二是建立垂直管理的生态环境行政监督体系。为了使地方环境保护行政管理摆脱地方政府体制的制约，环境保护行政管理部门应成为当地生态环境的最高管理者。设立省级环境保护机构，对本行政区域内的环境保护工作进行管理，减少地方政府对环境事务的干预。

三是调整环保、农业、水利、林业、住房和城乡建设等部门的职能，使之与企业发展相适应。

四是提高企业自律性，通过政府奖励机制促进企业主动参与生态环境管理。

（五）强化环境监察队伍建设

首先，在进行环境监察队伍建设的过程中，政府应当加强对工作人员的综合素质水平的考察。如果是由从其他部门调动过来的人员组成新的部门进行环境监察管理工作，那么应当注重对工作人员的培训。在进行工作人员选拔的过程中，应当注重对员工综合素质水平的考察工作。可以通过聘请专业的人员进行培训，提高工作人员的综合技能，尤其是对工作人员执法工作的流程性规范进行指导。还可以通过外派员工学习的方式，实现对员工综合素质水平的提升。

其次，在执法的工作过程中，需要配备相应的设备。为了保证执法工作的公平公正、公开透明，工作人员应当将执法的过程予以记录。对执法工作进行记录需要相应的设备，因此环境监察部门应当采购相应的仪器、设备，促进执法工作的顺利进行。

最后，应当加强对员工的思想教育，保障工作人员的廉洁性。为了提高工作人员的工作积极性，还可以将工作人员的业绩同奖金挂钩，并且在环境监察工作开展的过程中，相关责任部门必须想出更为科学的培养方案和培养思路。例如，可以聘请一些具备权威性的专家到单位进行系统性的培训，让相关工作人员了解到环境监察工作的意义以及工作方法，通过创新的方式提高工作人员的专业技能，使其能够顺利开展各项工作。

（六）提高生态环境管理执行力

第一，政府和环境保护行政主管部门应按照环境监察标准的要求，加强对环境监察机构的建设，给予资金支持，重视环境监察队伍的建设，提高监察人员的执法水平，更新监察设备，进而提高环境监察的工作效率；加强环境管理队伍建设，明确环境执法队伍的职责，增加执法人员，提高执法人员的管理水平和业务素质。

第二，为确保环境监察工作的合理性和合法性以及环境保护活动实施的严肃性和权威性，环境监察机构要加强身份认定，将环境监察人员纳入各地行政事业单位的管理体系。这样会使环境监察人员的工作更加安心、更有效率，同时建立健全环境监察管理体系。

目前，省级环境监察机构的垂直管理体系正在逐步建立，在一定程度上解决了地方环境监察机构管理职责不明的问题，促进了机制的明确和完善，为环境监察工作提供更大的发展空间，也提高了环境监测工作人员的积极性。

第三，建立科学的激励机制。虽然环境监察人员的工资水平比较稳定，但缺乏有效的奖励机制刺激。而基层环境监察人员无论是工作环境、劳动强度还是薪酬待遇，与其他环保部门相比都存在一定差距。因此，先按照每个地区的平均工资来确定环境监察人员的基本工资，在此基础上根据工作量等给予合理的奖励，这是调动监察人员工作积极性的有效途径。

（七）大力宣传并营造和谐氛围

在进行环境监察工作的过程中，由于各种因素的影响，可能会导致社会公众出现抵触情绪。这不利于和谐社会的发展，也不利于执法的顺利进行，还有可能会造成暴力冲突。为了减少这一现象的出现带来的影响，应当大力宣传执法，加强对环境保护的宣传工作。环境保护工作并不是执法部门单独的工作，也不是政府部门凭一己之力就能够完成的，环境保护是全社会、全人类共同的事业。可以通过大力宣传营造和谐的社会氛围，帮助社会公众认识到执法部门工作的重要性，帮助社会公众形成对于环境监察工作的正确认知。可以通过拍摄公益广告的方式，帮助社会公众意识到进行环境保护工作的重要性，以及环境监察部门的工作职责。工作人员在执法的过程中也应当遵循以人为本的原则，为执法工作的顺利进行提供保障。同时在新时期背景下，随着我国科学技术的不断发展，越来越多的社交客户端出现在人们的视野中，因此对于环境监察工作的开展，可以依托这些媒体渠道宣传相关的内容，如此才能够让人民群众了解环境监察的意义，从而更加配合地参与到各项工作中来。

（八）完善生态环境法律法规体系

根据我国生态环境基本情况和经济社会发展特点，完善与环境保护相关的法律法规，制定环境基本法，明确环境基本法实施的范围以及实施的主体行为。在生态环境管理体系中，明确环境监察机构的法律地位和责任，同时不断更新和完善地方法律规范。地方政府可依据自身的产业结构制定监督管理制度，最大限度地让环境监察人员能够依法行政、依法管理。

第二节　环境监控

一、环境监控系统及其构成

（一）从技术的角度描述

环境监控系统是一套以自动分析仪器为核心，运用现代传感器技术、自动测量技术、自动控制技术、计算机应用技术，以及相关的专用分析软件和通信网络

所组成的一个综合性的自动监测体系。系统由现场仪表、数据采集系统、中心控制系统三部分组成，中心控制系统通过数据采集系统与现有排污口和环境质量监测点（水、气、声）的监测设备联网，实现实时、在线的监测。

（二）从功能的角度描述

环境监控系统是对排污单位污染物排放情况（废水、烟尘气及放射性物质等）和环境质量状况（地表水水质、城市空气质量和城市区域噪声）进行实时、连续自动监控，并能及时做出相应反馈的系统。

二、建设环境监控系统的意义

环境污染给社会的可持续发展及人类自身的健康造成了极大危害。经过国家、政府相关机构及企业多年坚持不懈的努力，全国环境状况正在由环境质量总体恶化向局部好转发展，环境污染加剧趋势基本得到控制，部分城市和地区环境质量有所改善。但是，环境形势仍然相当严峻，生态恶化加剧的趋势尚未得到有效遏制，部分地区生态破坏的程度还在加剧。环境污染和生态破坏已成为危害人民健康、制约经济发展和影响社会稳定的一个重要因素，人们逐渐意识到了生存环境的好坏对自己健康的重要性，开始重视环境保护。环境保护作为我国的一项基本国策，是实施我国可持续发展战略的重要内容。而环境监控是环保工作的数据来源及污染度量、环境决策与管理的依据，同时也是环境执法体系的组成部分，在我国环保工作中具有重要作用和地位。

第三节　环境预测

一、环境预测的概念

预测是指对研究对象的未来发展做出推测和估计，或者说，预测就是对发展变化着的事物的未来做出科学的分析。环境预测是根据已掌握的情报资料和监测数据，对未来的环境发展趋势进行的估计和推测，为提出防止环境进一步恶化和改善环境质量的对策提供依据。它是环境管理的重要依据之一。

二、环境预测的方法

(一) 定性预测方法

可泛指经验推断方法、启发式预测方法等。这类方法的共同点主要是依靠预测人员的经验和逻辑推理，而不是靠历史数据进行数值计算。但它又不同于凭主观直觉进行预言的方法，而是充分利用新获取的信息，将集体的意见按照一定的程序集中起来形成的。

(二) 定量预测方法

定量预测方法主要是依靠历史统计数据，在定性分析的基础上构造数学模型进行预测的方法。按照预测的数学表现形式可分为定值预测和区间预测。这种方法不靠人的主观判断，而是依靠数据，计算出的结果比定性分析具体和精确得多。

第四节　环境标准

一、环境标准的概念

环境标准既是环境标准化体系中最基础的概念，也是环境标准化治理工作中的重要成果，对其基本概念的理解有助于洞悉其根本性质。与其他法学相关概念类似，学者们对环境标准概念的界定即便存在诸多版本，但一般都是从其功能和性质层面着手下定义。其中，比较有代表性的观点有以下几种。

①环境标准是以法规的方式体现出来的，以限定各类污染物在环境中的容许含量或污染物投放的容许程度，来保障环境质量、限制环境污染、维护生态平衡的技术规范的总称。

②环境标准是依照合法程序制定的，以期达成环境质量提升、环境污染防治、生态平衡维护、民众健康保护、社会财富增长等目的的各种技术规范的总称。

③环境标准是以一定的式样公布的标准规范文件。它们多半是技术性规范，采用的是标准文件所独有的专业术语、标记、代码、编码和其他技术规程，是自成一格的规范体系。

④通常意义上的环境标准主要是政府为防治环境污染、提升环境质量、维系生态平衡、保障公众健康，在全面考量国内自然生态状况、社会经济条件和现有科学技术的基础上，限定环境中污染物的容许含量和污染排放物的浓度量、数目、时间和速度及其他有关指标的技术规范。

上述几种定义皆立足于《中华人民共和国标准化法》《中华人民共和国环境保护法》《生态环境标准管理办法》等规范性文件对环境标准的解释，虽从一定角度和程度反映了人们对环境资源法的认识和理解，具有一定可取之处，但是又具有一定的局限性。

其一，上述定义皆没有明确环境标准之于人体健康保障的中心要义。应将"保障人体健康"放在环境标准的制定目的的第一位，更加本质的缘由在于环境规范所调整社会关系的逻辑理论。环境规范的调整对象归根结底还是人在利用生态环境进行生产生活过程中所发生的社会关系。防治环境污染和维系生态平衡虽具有一定重要性，但环境规范对于环境问题的关注终究须回到对人的行为给予评价、进行相应调整上来。

其二，上述定义皆未涉及环保标准与可持续发展的关联。环境标准是实现社会经济可持续发展的重要的、直接的支持与保障，环境标准亦可以可持续发展为指导思想和价值目标。在可持续发展的要义模式自里约环境与发展大会后为各国所逐渐接受的当下，大多学者在对环境标准下定义时仍然忽略可持续发展的目标，不能不说为一大缺憾。

其三，上述定义多仅从技术层面对环境标准进行规范性总结，并未突出环境标准所具备的丰富法律内涵；即使部分学者有"以法规的形式表现""以法定的程序制定"等表述，然并未足够体现环境标准在法学上的拟定程序、特征及效力等人文属性。透过法学视角对环境标准进一步检视，方能更好地理解环境标准的内涵意蕴。

综上所述，现阶段的环境标准宜定义为：为保护人体健康、防治环境污染、维持生态平衡、实现可持续发展，由行政机关或者社会主体按照法定的程序和职权，在综合考量我国生态环境状况、社会经济条件和现有科学技术的基础上，所制定出的能够在全国范围内或者部分地域范围内实施的具有强制效力或指导意义的有关污染因素容许程度和释放程度的技术规范的总称。

二、环境标准的类型

(一) 根据位阶等级的分类

2021 年颁布的《生态环境标准管理办法》第一章第四条规定，环境标准分为国家生态环境标准和地方生态环境标准。其中，国家生态环境标准包括国家生态环境质量标准、国家生态环境风险管控标准、国家污染物排放标准、国家生态环境监测标准、国家生态环境基础标准和国家生态环境管理技术规范。国家生态环境标准在全国范围或者标准指定区域范围内执行。地方生态环境标准包括地方生态环境质量标准、地方生态环境风险管控标准、地方污染物排放标准和地方其他生态环境标准。地方生态环境标准在发布该标准的省、自治区、直辖市行政区域范围或者标准指定区域范围内执行。这种对环境标准的分类在我国的法治实践中具有一定实际意义。

国家生态环境标准是我国环境标准体系中的砥柱，具有绝对的优势和主导地位，其主要规制和调整的是全国领域内广泛存在的一般性环境问题。同时，考虑到我国幅员辽阔、人口众多，各地工业技术水平乃至环境自身的稀释、扩散能力也不尽相同，照搬施行统一的国家规定标准是不合适的。为了有针对性、具体地治理环境污染，有必要在综合思忖下因地制宜地制定地方生态环境标准。但地方标准的制定也应以国家标准为本，且限定标准只能更为严格。最后，为了应对国家生态环境标准的制定出现滞后状况，环境行业标准可以作为国家生态环境标准的增补和辅助而先行存在。如果将来国家制定了相应的环境标准，行业标准即自动归为无效。三类环境标准相互补足，共同配合，以颇有效率的方式实现环境保护工作的一般性及特别化治理，实现了资源的优化配置。

(二) 根据实施用途的分类

按照实施用途进行分类，环境标准可分为生态环境质量标准、生态环境风险管控标准、污染物排放标准、生态环境监测标准、生态环境基础标准。生态环境质量标准是为保护生态环境，保障公众健康，增进民生福祉，促进经济社会可持续发展，限制环境中的有害物质和因素而形成的限定性指标。生态环境风险管控标准是为保护生态环境，保障公众健康，推进生态环境风险筛查与分类管理，维护生态环境安全，控制生态环境中的有害物质和因素而制定的。污染物排放标准是为改善生态环境质量，控制排入环境中的污染物或者其他有害因素，根据生态环境质量标准和经济、技术条件所做出的量化规定。生态环境监测标准是为监测生态环境质量和污染物排放情况，开展达标评定和风险筛查与管控，满足质量控制、数据处理等监测技术要求而制定的。生态环境基础标准是为统一规范生态环境标准的制定技术工作和生态环境管理工作中具有通用指导意义的技术要求，制定生态环境基础标准，包括生态环境标准制定技术导则，生态环境通用术语、图形符号、编码和代号（代码）及其相应的编制规则等。

总而言之，由于国家生态环境标准和环境保护行业标准的适用范围甚广，上述五类环境标准皆被囊括其中。而因为地方生态环境标准只在一定行政区域内被执行，仅包括由其自身拟定的环境质量标准和污染物排放标准。

这种划分方式彰显了我国环保标准制定工作的技术理性。目前，我们置身于一个高度依赖科学技术的复杂社会环境之中，社会环境的复杂性带来了广泛存在环境风险的社会结构。为使我国生态与经济达成理想的均衡状态，需要具有技术性、专业性的环境技术标准作为风险的评判基准。顺应着一定的生态和经济发展规律，此种分类下的每一项环境标准都设有确切的阈值。这样不仅可以有效规避环境风险，更使得环境监测工作的实践操作性增强。

（三）根据效力性质的分类

依照效力性质来分类，环境标准可分成强制性生态环境标准和非强制性生态环境标准。强制性生态环境标准由国家环境保护行政主管部门制定、颁布并实施，所有个人或者机构必须执行和遵守，一般包括污染物排放标准、环境质量标准和法律要求执行的标准。非强制性生态环境标准亦称作"自愿性生态环境标准""推荐性生态环境标准"。

在我国，推荐性生态环境标准也由国家环境保护行政主管部门起草制定，但区别于强制性生态环境标准的是，该类标准在作用上并未规定环境主体的相关义务，仅仅由环境主体自愿采用。这类标准主要包括现行的环境监测方法标准、监测技术规范、自动连续监测系统技术标准、环保设备技术标准等。此外，企业也可自愿地采用国际上的先进环境标准，譬如 ISO 标准等。

这样的种类划分方式具有较大的学术价值，该分类的出现是由我国当前的社会经济发展状况所决定的。重视经济手段的调节作用已然变成如今诸国化解环境资源问题的共识，这是当代环境资源的一个明显的发展势头。迎合此趋势的是，环境规范系统逐渐由强制性规则主导的模式向强制性与任意性规则相结合的模式转变。

鉴于此，具有引导性、鼓励性的推荐性生态环境标准的数量稳定增长，渐渐成为我国环保工作的重要实践。依据效力性质的划分方式不仅对推动我国环境保护理念的转变具有关键意义，而且以一种更加人文化、弹性化的方式实现了对污染物排放量的控制与环境质量的提升。

三、环境标准的特征

（一）综合广泛性

环境标准所规定的内容跨越多种学科，包括环境自然科学、标准化科学及法学等，它旨在保护的环境整体是由各类环境要素合成的统一体。具体而言，环境标准所具有的综合广泛性体现为，从环境标准的调整范围看，环境保护涉及社会生活的各个方面。相应地，环境标准所规定的社会关系也十分广泛。

环境标准以规范性文件的式样预防并管制人对自然环境造成不良影响的作为，鉴于人对环境的作为涉及多个层面，那么环境标准对人与环境之间关系的调整也因社会关系的广泛而广泛。从环境标准的表现形式看，环境标准体现在多个环境类规范文件中，环境保护法律、法规和规章都可能对环境标准进行引用。同时，环境标准既有一般性的《生态环境标准管理办法》，又有着特殊的环境标准，譬如《污水综合排放标准》《大气污染物综合排放标准》和《危险废物贮存污染控制标准》等。由此，环境标准的表现形式是多层次、多领域的。

（二）科学技术性

环境标准直观而详尽地体现着生态学规律和社会经济规律的诉求，它的一系列基本原则和技术要求都是从环境科学的研究成果中提炼出来的，可供共同与重复使用。它的科学技术性体现为以下三个方面。

首先，环境标准依照严苛的科学方法和流程被拟定，其拟定工作还要参考全国和特定区域在特定时期的自然环境状况、科技发展程度和社会经济水平。若环境标准过分严苛、不切合现实情况，势必将制约经济产业的发展；若过分宽泛，则不符合环境保护的基本要求，最终还会导致危害人体健康和破坏生态。

其次，环境标准需要具有专业性的科学研究机构、技术监测和开发机构在环境保护标准化工作及监督管理工作中制定并实施。其内容多为防治环境污染的技术化指标与操作规程，不具备相关专业知识或工作背景的操作人员往往难以理解、掌握和实施。

最后，环境科学作为一门新兴的、仍未完全成熟的科目，有些环境问题即使已暴露出来，但短时期内还难以从科学角度做出全面的解释，这就需要不断地进行科学研究与探索。为防止已经暴露出来的环境问题继续恶化，势必要制定合理科学的环境标准予以规制。在进行这些环境标准的制定工作时，其科学技术性表现得更为突出。

（三）区域特殊性

环境问题是全人类所一致面对的问题，各国环境问题在产生原因、解决路径等方面存在着一定的共性。因此，环境标准的一些基本技术要求可以在不同国家和地区间相互借鉴或适用。但是，由于不同地区的环境条件存在差异，国与国之间、同一国家内的不同地区之间的环境问题又具有特殊性，因而环境标准也具备区域特殊性的特点。

例如，世界各国都存在不同程度的大气污染问题，但以美国、日本为代表的大气污染是氧化型，此类污染多发生在以石油为主要燃料的地域；而我国却是典型的还原型大气污染，因为我国的生产活动以煤炭为主要燃料并兼用石油。

再如，我国西南地区水土流失问题突出，而在东北地区，工业污染问题则十分突出。鉴于存在环境的区域特殊性，环境标准在对社会生产进行规制时理应区别对待，不能搞"一刀切"。我国现行的环境标准体系除了包含国家层面制定的环境标准、行业标准外，还规定了地区政府及相关部门可根据本区域环境状况，制定严于国家环境标准的地方性环境标准，并且在实施中，地方性环境标准优先于国家环境标准。这些都体现着环境标准的区域特殊性。

（四）效力可转化性

推荐性环境标准一旦被法律规范或强制性环境标准所引用，即具有强制执行的效力，这是环境标准区别于其他规范性文件的显著特征。环境标准的强制性与推荐性的二分法是必然的，因为它本身就是行政机关在一定期间内环保目标的量化反映，其执行既要达到生态环境保护和改善的目的，又要顾及现阶段市场主体的耐受力。

目前，我国鼓励扩大推荐性环境标准的适用范围，其不但可在适当的时候对强制性环境标准进行补充，若被强制性标准引入条文，其自身也由此获得强制性而被强制执行。之所以出现如此规定，一方面是为了增强环境标准在市场监管中的可操作性；部分推荐性环境标准中含有先进的科学成果与成熟的管理经验，作为方法论，其有益于保障行政决策的科学性与适用性。另一方面，如此引用有助于减少政府的重复性劳动；经过合理的评定程序，在强制性环境标准中援用非政府组织制定的推荐性环境标准，鼓励公职人员参加自愿性环境标准的制定与修订工作，不仅有助于政府了解企业并掌握市场动态，而且也有助于避免其工作与决策的盲目性，提高其决策效率。

第五节　环境审计

一、环境审计的内涵与作用

环境审计是由审计机构对有关环境的经营活动所进行的监督检查。环境审计是为了保证企业在遵循《中华人民共和国环境保护法》《中华人民共和国固体废物污染环境防治法》等环境相关法律法规的前提下，由政府部门、审计机构合规组织的审计活动，是依据环境审计准则对被审计单位环境政策履行情况的公允性和效益性进行的鉴证。环境审计运用定量与定性相结合的方法，以经济性、效率性、效果性为原则，按照一定的评价指标，对与环境相关的项目进行审查和分析，判断环境政策实施是否合法合规，并提出一系列的改进建议。

环境审计可检查企业的经营行为对周围生态环境的影响。自 20 世纪 90 年代之后，我国便将环境保护提上了重要日程。环境审计研究在 1998 年以前处于引进、宣传阶段，1998 年起才开始进行探索和系统研究，进入 21 世纪才真正开展较广泛的环境审计研究。为响应生态文明建设号召，环境审计及时介入并实时跟进生态文明建设的全过程，对环境管理系统、专项资金和绩效成果合法合规地开展审计鉴证与审计监察，得出环境审计结论并发表审计意见。

环境审计督促企业实施环境政策、满足环保诉求。不同于其他的环境管理手段，环境审计更具客观性与权威性，政府加入环境审计过程可督促企业落实环境政策。环境审计的实施使得企业的环境合规性受到重视，进而使企业加强环境治理，增加环保投资。若企业的环境合规性存在问题，政府部门会对被审计单位处以罚款，这使得企业需要合规落实环境政策，以满足环境保护方面的要求。

二、环境审计的类型

环境审计作为审计的一个分支，融合了环境审计主体的特征，包括绩效审计、合规性审计和财务审计。

（一）绩效审计

开展环境审计，督促项目重视环境治理，绩效审计的作用最直观。开展环境审计可提高企业对环境治理的重视程度，促进企业积极实施环保政策，环保政策实施效果直接反映在环境绩效上。程亭提出，在环境审计评价指标体系中加入环境指标并赋予其相应的权重，可改变环境污染无人问责、环保政绩考核无从落实的局面。环境绩效的指标主要有能源消耗、污染物排放等。环境绩效审计提供环境治理数据，这些数据在环境审计工作中是不可缺少的。

环境绩效审计的开展实现了对环境整改状况的重点关注。曾昌礼和李江涛利用 2005—2014 年的《中国审计年鉴》和审计署公布的《"三河三湖"水污染防治绩效审计调查结果》进行实证检验发现，环境审计确实能够通过环境绩效进行，持续的环境防治绩效数据报告符合实际环境情况，为环境审计提供了数据支持。环境绩效审计能够持续提供企业环境治理效果的数据，直接体现环境政策的执行效果，不仅使企业的环境责任信息披露水平与质量得到提高，而且还评价了企业环保政策的实施效果，督促企业加快对不合规环境审计行为的整改。

（二）合规性审计

合规性审计检查企业环保法规的履行情况是否合规。环境合规性审计的内容主要包括：对企业实际环境政策落实情况、环保措施履行情况进行合规性判断，也对企业环境政策的执行过程进行合法合规的监督与评价。合规性审计重点关注相关环保法规有没有得到合规履行，将重心转移到企业合规环保措施的实施效率和效果上。

合规性审计检查企业实施环境政策的合法合规情况。环境合规性审计对企业是否遵循环境管理准则、环境法律法规等进行检查，政府机构作为审计主体发挥环境审计的监督职能。合规性审计作为企业环境政策实施效果的监督与保证机制，能够发现企业环境政策落实过程中的不当之处，及时阻止不合规措施的进一步实施。合规性审计可促进环境政策实现功能和结构的一体化，改善企业环境状况，从而达到环境审计目标。

（三）财务审计

财务审计能够反映环境审计内容。财务审计持续调查企业环保投入情况，促使企业提高环保资金的使用效率，重视环境污染治理与环境整改措施落实，改善企业的环境政策落实情况。企业环境治理行为促进企业进行清洁生产，推动企业可持续发展，通过财务审计可以把环境条件与经济效益评估结合起来。

财务审计通过企业环境治理行为影响企业财务指标，进而反映环境审计情况。张国清等基于 2009—2017 年 A 股公司年报手工搜集企业环境治理数据，检验了环境治理的结果与企业财务绩效之间的非线性关系，发现：较差的环境治理和结果均负向影响财务绩效，而较好的环境治理和结果均正向影响财务绩效。企业重视环境治理、加大环保投资对经济效益的影响尤为显著，企业在环保投资达到一定规模后，其财务状况得到改善。赵彩虹和韩丽荣提出，在进行财务审计调查时，完善环保设施，加大环保投资，促进技术变革创新，可渐渐提高企业经济绩效，进而体现环境审计情况。

三、环境审计面临的问题

（一）环境审计依据不规范

环境审计的依据是政府机关能否客观评价审计对象、得出公正审计结论的关键。虽然目前我国已出台了许多环境领域的法律法规，制定了审计抽样准则、审计方案准则等各项审计准则，但是唯独缺乏一部指导环境审计工作的法律法规和准则。这使得环境审计的权限与地位不明确，审计的实施主要依靠审计人员的职业判断，进而导致环境审计在方向、内容、评价标准、职责分工等方面无章可循。

（二）环境审计专业人才缺乏

由于环境审计涉及的领域特殊，审计内容不仅包括传统财务审计，而且还需要运用专业的技术方法。因此，环境审计不仅需要审计人员具备财务审计知识，同时还应具备工程、资源、环境等方面的专业背景。但是，目前我国政府部门从事环境审计的人员中仍然以财务审计专业人员为主，占到全部人员的 50% 以上；环境科学专业方面的人数甚至不足 10%，十分了解环境法律法规的审计人员不

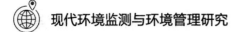

足 6%。这一点严重制约了我国政府环境审计工作在内容和方法上的变革与创新，使得审计人员无法客观有效地评价审计数据的可靠性。

（三）环境审计管理制度不完善

通过分析我国近几年环境审计结果公告内容不难发现，我国环境审计内容比较单一，范围比较狭窄，主要集中在水资源、大型环保项目资金与国际环保专项贷款的审计上，对于其他自然资源，如大气、生物等尚未涉及。而且虽然大多数环境审计项目名称中都有"绩效"二字，但是实际审计工作仍然围绕合规性问题展开，环境审计项目中审计人员重点关注的是环保资金是否按计划到位、资金的管理和使用是否规范、是否存在挤占挪用项目资金等问题，基本未涉及资金的使用效率，未评价项目是否具有成本效益性。这种单纯的合规性审计阻碍了环境审计发挥出其应有的作用。

四、环境审计的策略探讨

（一）完善环境审计管理制度

在管理制度层面，政府审计机关可以加强环境审计管理，规范环境审计实施程序和人员管理，推动环境审计机构的标准化建设，建立完善的保障机制。在技术层面，应加快编制覆盖各类环境要素的环境审计技术指南、培训教材或手册，并建立环境审计人员定期培训和轮训制度，不断提高环境审计工作的科学化水平。将环境审计定位为我国一项基本环境保护和管理制度，由国家环境保护行政主管部门统一负责环境审计工作的实施，督促各级部门环境保护责任的落实。加强环境审计制度与环境目标责任考核、环境绩效评估、污染减排目标考核，通过发挥环境审计制度与其他制度的协同作用，提高制度实施效率，提高政府治理环境的能力，探索建立符合我国国情的环境审计体制。

（二）完善环境监测的法律依据

健全的相关法律依据是保障环境审计监察权力、规范环境审计监察行为的基础。我国政府应该设立有关环境审计的专门法律，从根本上明确环保部门和审计部门在环保工作中应负的责任，协调二者在环保工作中的管理和监督作用，以法律特有的强制性扩大环境监管权限，明确会计机构的具体功能。同时，还需明确环境审计主要内容，对审计人员的专业、环境审计风险、环境审计质量控制、审计证据及程序等内容进行规范要求。完善相关法规制度，修改不符合市场经济发展规律和可持续发展战略的法律法规，强化法规的操作性，为推进绿色审计提供强有力的制度保障。

（三）加强环境审计人才的培养

作为环境审计业务的执行者，审计人员的知识范围和专业能力将对审计效果产生直接影响。从短期来看，基层注册会计师要对环境学、环境经济学、环境法学、环境生态学、环境保护学、环境工程等环境领域的专业知识进行学习。从长期看，还要建立具有中国特色的绿色注册会计师资格制度，为环境审计的发展提供人才支持。另外，高校还应该细分环境审计专业，注重培养专业人才。

第五章　现代环境管理的实践

　　本章分为环境管理的法律依据、城市环境管理实践、农村环境管理实践三部分，主要包括环境规划制度、环境保护标准管理制度、城市主要环境问题、农村环境污染来源等内容。

第一节　环境管理的法律依据

一、环境规划制度

（一）政策目标

　　制定环境规划制度的目的是为干系人提供环境保护行动计划的交流和协调平台，为今后的环境保护提供稳定和权威的行动指南及政策手段。具体而言，环境规划旨在通过制订污染治理和环境保护规划，既解决现有的环境问题，又防患于未然。值得强调的是，环境规划目标应该是所有干系人共同期望的成果，是干系人相互理解和合作的基础。

（二）政策框架

　　目前，我国并无专门的环境规划法，只有相关的法规条例提出应将环境保护规划纳入国民经济和社会发展计划，县级以上人民政府环境主管部门应拟定环境保护规划。相关规范有《国家重点生态功能保护区规划纲要》《生态功能保护区规划编制导则（试行）》和《小城镇环境规划编制导则（试行）》。

二、环境保护标准管理制度

（一）环境质量标准

1. 环境质量标准的概念

环境质量标准属于环境标准的下位概念。对于环境质量标准的概念，我国相关法律法规如《中华人民共和国标准化法》《中华人民共和国环境保护法》《生态环境标准管理办法》中并未对其做出规定，学界相关研究也比较匮乏；且现有研究偏重于环境质量标准的形式，有的以制定主体为依据进行界定，有的以标准功能为依据进行界定，对环境质量标准实质的认识不足，难以揭示出环境质量标准的内涵。

要正确定义环境质量标准的概念，首先要了解环境基准，因为环境基准是制定环境质量标准的基础。环境基准是指当环境中某一有害物质的含量为某一阈值时，人或者生物长期生活在其中不会受到不良的或者有害的影响；或者超过这个阈值，就导致人或者生物产生不良反应。这个阈值就是环境基准值。环境质量标准是以环境基准为基础，综合考虑当前技术条件和经济发展需要适当降低、提高或维持的环境基准值。从性质来看，环境质量标准是标准中的一种，其同样具有技术性的特征。从功能来看，环境质量标准的功能是维持或改善生态环境和保障人体健康。从实质上看，环境质量标准的实质是环境中各污染物的含量值，在此范围内，环境不会对人体造成伤害。从作用上看，环境质量标准具有认定环境好坏、衡量环境是否受到污染的作用。若环境中的污染物浓度在限值之内，则不认为环境受到了污染；反之，则认为环境受到污染。

综合以上要素，可以界定环境质量标准的概念为：为了保护环境和公众健康，在环境基准的基础上，综合考虑社会经济发展要求和当前技术条件等因素，对环境基准值所做出的降低、提高或维持的技术规范。其可以用来衡量当前环境的优劣，界定环境是否受到污染。

2. 环境质量标准的功能

环境质量标准是依据环境基准而制定的，其功能是保护环境和人体健康。但这似乎存在一个悖论，即环境基准值是保障人体不受伤害的限值，但环境质量标准相较于环境基准明显放宽了限值要求，其自然无法保证人体健康不受环境的不利影响。这便涉及环境质量标准的价值选择问题。环境质量标准不是将环境基准简单地搬运过来，而是要做出多种价值衡量，最重要的就是在经济发展和人体健康之间做出权衡。应该说在理想状态下，环境质量标准应同环境基准一致，其达标意味着人们生活的环境不会对人体造成伤害。但是要实现这样的目标非常困难，这意味着我们要放弃一切对环境不利的行为，这是不可能实现的。所以在制定环境质量标准时我们还要考虑社会经济发展、技术条件等因素，在尽量保证人体健康和经济发展之间做出价值衡量。我国环境质量标准采取的是二元的价值论，即在保护人体健康和促进经济发展间做出取舍，最大限度地在保障人体健康的前提下兼顾经济发展要求。这蕴含了功利主义思想，这种做法也是最合理、最有可能实现的做法，同时也是世界上大多数国家的做法。

3. 环境质量标准在环境标准中的地位

我国的环境标准制度是由众多的环境标准组成的，每一种环境标准都有其独特的作用，共同发挥着保护环境和维护人体健康的作用。在这些环境标准中，环境质量标准具有基础性作用并占有核心地位。环境质量标准具有基础性作用，环境质量标准直接表达了环境治理的目标，其是整个环境标准体系运行的起点，又是整个环境标准体系运行的终点。环境标准体系中其他的环境标准是依据环境质量标准制定的，环境保护的一切工作最终都要落到改善环境状况、达到环境质量标准的要求上来。同时，环境质量标准在环境标准体系中还居于核心地位。其他环境标准都是为环境质量标准服务的，环境质量标准的科学性决定了其他环境标准的运行状况，其他标准的运行情况决定了环境质量标准是否能够达标。所以说，在环境标准的制定过程中，环境质量标准的制定是重中之重，一个科学合理的环境质量标准甚至可以决定整个环境标准的科学性。

另外，在环境标准体系中，环境质量标准和污染物排放标准是其中实用性最强的两个标准。污染物排放标准是环境质量标准在考虑经济发展、社会主体承受度等因素后对环境质量标准阈值做出的提升、下降或维持的标准，是依据环境质量标准制定的。在实际运行中，污染物排放标准直接规定了社会各主体的污染物排放限度，其实施是为了实现环境质量标准的达标，其同样服务于环境质量标准。所以两者之间的关系仍是环境质量标准是核心，污染物排放标准是辅助。

（二）污染物排放标准

1. 污染物排放标准的界定

中华人民共和国生态环境部于 2021 年 2 月 1 日施行的《生态环境标准管理办法》第四章对污染物排放标准的含义进行了规定。依据此规定，一般认为污染物排放标准是为了使污染物的含量达到环境质量标准的要求，在充分考虑当时的社会经济、科学技术和生态环境状况的前提下制定的对排入环境中的污染物或对环境造成危害的其他因素的浓度或者总量进行限制的标准，而污染物的排放限值则是其核心。

2. 污染物排放标准的特征

（1）制定主体包括地方人民政府

《中华人民共和国环境保护法》规定，国务院环境保护主管部门根据国家环境质量标准和国家经济、技术条件制定国家污染物排放标准；同时，各省级人民政府可以根据其行政区域内的实际情况制定国家层面没有涉及的项目标准，或者制定比同类国家标准更为严格的污染物排放标准。而除了污染物排放标准和环境质量标准以外，地方人民政府无权制定其他种类的环境标准。

（2）实施具有强制性

我国环境标准主要分为强制性标准和推荐性标准两大类，污染物排放标准属于强制性标准。《生态环境标准管理办法》第一章第四条规定，环境标准分为国家环境标准和地方环境标准，而两者中均包括了污染物排放标准。

第二节　城市环境管理实践

一、城市主要环境问题

（一）大气环境问题

1. 城市大气污染的原因

城市大气污染是指大气污染物的浓度达到有害的程度，以至达到破坏生态系统和影响人类正常生存和发展的条件，对人及自然界造成危害的现象。城市大气污染的成因有自然因素（如火山爆发、森林灾害、岩石风化等）和人为因素（如工业废气、燃料、汽车尾气和核爆炸等），但是现代城市的空气污染主要是由城市人类活动造成的。

（1）人为因素的影响

我国正处于工业化中后期，经济增长的主要动力来自第二产业的增长，严重依赖高能耗、高污染的产业。2019年我国粗钢产量占全球粗钢产量的53%，水泥产量超过全球水泥总产量的60%，我国能源结构以煤为主，是世界上最大的煤炭生产国和消费国。

2016年，我国能源消耗总量为43.6亿吨标煤，其中原煤生产占能源生产总量的69.6%，火力发电占全国发电量的70%以上，突显了煤炭在我国能源消耗中的主体地位；工业生产、城市周围的电厂等将大量的粉尘及有害化合物排放到城市大气中，造成严重的城市大气污染。改革开放40多年来经济高速发展，人民整体生活水平不断提高，机动车拥有量呈逐年增长趋势。截至2022年1月，全国汽车保有量达3.02亿辆。机动车数量的迅速增长在给人民生活、工作带来方便的同时，进一步加重了市区的大气环境污染。由于城市自身的扩张，自然环境被开发用于建设工厂、住宅、道路等基础设施，造成大量绿地消失、地面裸露，城市空气失去植物的调节作用，空气质量大幅下降。

（2）自然因素的影响

城市大气污染与城市生产活动密切相关，同时污染物在大气中的迁移、扩散过程也受制于大气气象因素和当地的地理环境。我国城市大气污染最严重的季节是冬季，最轻的季节是夏季，城市大气环境质量表现出从南到北、从沿海至内陆逐渐变差的趋势。

大气污染与气候变化相互影响，大气污染可以通过影响辐射收支来影响气候。如冬季我国北方城市逆温层的出现使城市的污染空气无法扩散开来，全国北方城市的空气质量明显低于南方城市；南方受海洋大气影响，降水多，颗粒物不易在空气中长期停留，我国南方地区的空气质量优于北方。大气污染物的扩散也受城市地理因素的限制，与地形、地貌、海陆位置、城镇分布等地理因素密切相关。这些因素在小范围内引起大气温度、气压、风向、风速、湍流的变化，对大气污染物的扩散产生间接影响。

2.城市大气污染的危害

（1）生存环境

目前，已知大气污染物有 100 多种，按其存在状态可分为两大类：一种是气溶胶状态污染物，另一种是气体状态污染物。这些物质被人类吸入后能够直接刺激呼吸道，引起咳嗽、打喷嚏和呼吸困难等症状。其慢性作用还会导致人体免疫力减弱，诱发慢性呼吸道疾病，严重的还可引起肺水肿、肺癌。相对于可见的大气污染现象，随着城市汽车保有量的逐渐增多，城市大气具有潜在的光化学烟雾危险性。光化学烟雾是在适合的气象条件下，汽车尾气中的碳氢化合物在阳光作用下发生光化学反应，生成高浓度臭氧及过氧乙酰硝酸酯、醛、酮、酸、细粒子气溶胶等二次污染物，形成一次污染物和二次污染物共存的污染。这种烟雾使人眼睛发红，咽喉疼痛，呼吸憋闷，头昏、头痛，导致呼吸系统功能弱的老人、儿童呼吸衰竭甚至死亡。工业废气中也含有多种有毒有害化学物质，如镉、铍、锑、铅、镍、锰、汞、砷、氟化物、石棉、有机氯杀虫剂等。这些化学物质虽然浓度很低，但可在人体内逐渐蓄积，影响神经系统、内脏功能和生殖、遗传等，其中砷、镍、铍、铬、多环芳烃及其衍生物还具有致癌作用。

（2）生物多样性

污染对生物的生存环境的影响是多方面的。虽然大气中 CO_2 浓度的升高对植物的光合作用有正面的促进作用，但随着 CO_2、SO_2 等污染物浓度的升高，加之地球表面 70% 以上是海洋，全球海洋酸化将使整个海洋的生态平衡将被打破，大量海洋生物将失去赖以生存的环境。地球大气中的氧气主要来源于海洋藻类，海洋藻类的灭绝将导致全球大气中氧气含量发生变化，进一步影响全球生物的多样性。全球 CO_2 浓度的升高将增强温室效应，海水温度增长，海水中溶解的 CO_2 及两极严寒地区冻土层中的 CO_2 进一步释放到大气中，形成温室效应正反馈机制，地球温度将进一步升高。如果这一进程过于猛烈，生物的适应性跟不上环境温度的改变，将造成更多的生物面临生存威胁。

（3）对基础设施

城市巨量化石燃料的消耗使大量的 CO_2、SO_2、NO_x 被排放到大气中，这些气态化合物在大气中发生反应生成硫酸、硝酸和碳酸，这些酸性物质随着大气降水形成酸雨。目前，几乎所有的城市基础设施都是由钢材及混凝土构成的，这些城市基础设施暴露在大气中，轻度的酸化会使混凝土碳化，建筑材料表面美观度下降，钢结构日常维护费用上升；严重的酸雨会使混凝土中的硅酸钙转化为钙矾石，体积膨胀，混凝土构件表面开裂，保护层剥蚀，混凝土内部钢筋生锈后会造成容积扩张膨胀，混凝土因承担很大拉力而裂开。混凝土碳化到一定程度时，基础设施将产生大量裂缝，缩短其使用限期，甚至影响结构安全，全社会将因由酸雨造成的基础设施快速退化而承受巨额经济损失。

（二）水环境问题

1. 城市水污染的来源

（1）水体内部污染

水体内部污染是指水体中死亡的生物以及生物代谢物沉淀到水底后形成水底污染物，当这些污染物达到一定量时就会释放到水体中，形成水体所携带的污染，也就是水体内部污染。相关研究数据表明，水底泥中含有大量的有机物与一些无机物，当其从水底泥中释放出来后会加重水体的黑臭程度。

（2）水体外部污染

水体外部污染是指由人类生产活动所造成的城市水体污染。外部污染比内部污染的影响更大。

①生活废水污染。城市水环境遭到的最大威胁就是城市生活废水污染。近年来，随着我国城市经济发展水平的大幅度提升，人们对于生活的需求已不限于温饱，对于生活品质的追求越来越高，产生了大量的含有化妆品以及各类化学原料的城市生活废水。除此之外，如果有关部门没有妥善处理日常的生活污水，则排放的生活污水中可能含有固体污染物，且排放量可能会超过生态环境自身的净化能力范围，由此就会逐渐降低城市水环境的质量。

②工业废水污染。在工业生产的过程中，往往会排放大量的工业废水。而工业废水内含有的污染物相比生活污水更加复杂，如果没有经过科学合理的过滤和处理就直接排放到水体中，其化学物质或金属物质就会对生态环境造成不可逆转的永久性伤害。因此，有关部门必须重视对工业废水的处理。

事实上，除了工业废水以外，在工业生产过程中产生的工业废气、废料等，也有一部分会通过循环进入水体中从而造成严重污染，主要包括二氧化硫、二氧化碳以及一些粉尘等。如果有关部门没有对这些污染物进行及时处理，将会导致严重的水环境污染，最终会危害到人类自身。

③污水处理后的二次污染。我国城市污水处理技术相对落后。在社会生产活动中，由于缺乏对水污染的治理理念，部分工作人员缺乏对水体污染危害性的重视，从而忽视水污染的治理。与此同时，我国的水污染治理技术并不成熟，被处理后的污水中仍然存在着污染物，直接排放后会对水体造成二次污染。此外，随着我国城市化进程的加快，城市污水排放量也在与日俱增，其总量超出了污水处理厂的处理能力范围，从而导致部分污水未经过处理便被直接排放到水体中，这也是造成城市水污染的主要原因之一。

2.城市水污染的成因

（1）城市化建设和河流保护工作的配合度低

目前，就我国城市的发展状况来看，城市化速度非常快。在这样的社会背景下，城市土地面积不断扩张，同时随着城市人口数量的增加，城市污水的排放量也成倍增加，导致许多城市面临日益严重的水资源污染问题。所以，相关部门要大力宣传环保理念，以此增强人们对于生态环境保护的意识。

同时，还要注重增强城市化建设和水资源保护之间的协调性。鉴于当前的形势，城市水资源的污染之所以较为严重，就是因为二者之间的配合度低下。所以，在实际工作中要尽可能地避免大面积的水资源污染，要从根源上控制水资源污染，以降低后续治理工程的施工难度。

（2）工厂污水排放量超标

通常，工业污水的超标排放是城市水资源污染的主要源头。在现代化进程不断加快的过程中，许多工业企业的生产规模会随着经济的发展不断扩大。除此之外，工业污水的污染类型和排放量也显著增加，即使政府部门和相关部门在管控水资源污染方面出台了管理政策，但由于巨大的经济利益，非法排放工业污水的行为依然存在。

（三）土壤环境问题

1.城市土壤污染的特点

（1）累积性

与大气、水污染有着显著的区别，土壤环境污染没有明显的迁移特性。正是因为如此，在土壤出现了环境污染的情况后，污染物将长时间在同一个区域内累积。这就使得土壤污染的累积性明显，最终导致区域性的土壤污染，难以保障区域内良好的土壤条件。环保部门在开展土壤环境污染治理的过程中要重点考虑这一方面的因素。

（2）滞后性

土壤环境污染是长时间作用的结果，并非在某一特定时间内突然形成的。因此，土壤环境的污染是一个潜移默化的过程，从污染问题出现到被发现，一般要经历一段时间。这就使得土壤环境污染有着一定的滞后性，很多时候人们往往没有及时发现土壤环境污染的问题，导致污染未在前期得到有效的控制，当后续再去控制时，土壤环境污染已经越发严重，控制和治理难度较大。

（3）隐秘性

对于自然界中的水污染、大气污染，在这些类型污染的治理和控制过程中，因为发现及时，可在污染出现的早期阶段就进入治理环节。这主要是因为在出现大气或者水污染的情况下，人们很容易发现。比如，当出现了雾霾天气时，就意味着出现了大气污染的问题，此时及时安排相关人员来开展大气环境监测数据的分析工作，就可锁定污染物的类型与范围；当水质颜色变化或者有异味时，也可立即进入水污染的防治阶段。但土壤污染却很难被发现，不通过专业监测技术很难发现土壤中的环境污染问题。这种污染的隐蔽性特点使得土壤治理的难度系数较高，对生态环境造成的危害巨大。

（4）不可逆性

根据对我国土壤环境污染的调查可以发现，重金属污染是最为突出的问题。与其他污染相比，当土壤中出现了重金属污染后，由于重金属结构相对稳定，分解周期非常慢，在这种情况下，土壤环境污染有着较强的不可逆性。当然，土壤环境污染的不可逆性不仅仅表现在重金属污染上，有机物污染也有着这一特点。

2.城市土壤污染的类型

（1）化学污染

在土壤环境污染方面往往有着多种污染表现，化学污染仅仅是其中的一种污染类型。当土壤中出现了化学污染问题以后，土壤性能必然会发生明显的变化。土壤污染中的化学污染往往是由化工等行业的生产所导致的，这些行业在排放废水或者废物时，一些化学元素进入了土壤中，与土壤中的各种物质发生了化学反应以后就会形成化学污染。土壤化学污染的种类包含有机污染与无机污染两种，前者主要由农业生产中的农药、化肥使用所导致，后者由酸雨、工业污水、尾气排放所导致，如汞、铅等重金属污染。

（2）物理污染

在土壤环境污染中，物理污染也十分常见。这类污染主要是由工业矿山开采、建筑施工作业、城市垃圾等在土壤中的聚集所导致，当各类污染物在土壤中聚集以后，将会伴随着一定的化学变化，最终的污染物以固体形式出现在土壤中。随着时间的推移，污染物将会出现风化等问题，很难从土壤中提取出来。

（3）生物污染

这种类型的污染主要指的是土壤中出现了有害生物体，如病毒、细菌等，当这些有害生物体进入了土壤以后，土壤无法保持正常的循环，也就产生了土壤环境污染。实际上，在土壤环境污染中，这种生物污染的危害相对较大，当发生了这种类型的污染后，长时间将会影响人体的身体健康。由于有害生物体的繁殖速度过快，治理时面临着较大的危机。

（4）放射性污染

随着工业化和城市化发展步伐的加快，在很多地区的土壤中都出现了放射性污染物。这种污染主要由核工业、核试验所导致，由于污染物的特殊性，不论是对土壤还是人类而言，危害都是长期的、不可逆转的。当土壤中出现了放射性污染物以后，这些污染物将会在土壤内诱发一系列的化学或者物理反应，导致土壤无法维持其原有的性能。

（四）噪声环境问题

1. 城市环境噪声的来源

就物理定义而言，由振幅及频率无规律而产生的声音，便可称为噪声。而从影响人的角度来看，只要影响市民的正常生活便可称为噪声。其中，低频噪声一般小于 400 Hz；400 ～ 1000 Hz 为中频噪声；而大于 1000 Hz 的则为高频噪声。从区域城市噪声污染来源看，主要有工业噪声、交通噪声和生活噪声，不同噪声有着较大的差异。

（1）工业噪声

工业噪声主要来自城市工业化进程中大量机械设备运转、运输车辆装卸、发动机和制冷设备、机械通风系统，尤其是放置在屋顶上的通风系统、动力设备在运行过程中产生的噪声污染。工业噪声污染的有效降噪措施是科学做好城市区域工业布局和规划以及工业建设规划，并严格执行相关环境保护措施。

（2）交通噪声

城市机动车保有量持续增加，汽车发动机的声音是城市噪声污染的重要来源。此外，还包括火车、飞机等产生的噪声。一方面，来自车辆发动、制动、排气等车辆牵引系统发出的噪声；另一方面，包括车轮与轨道或道路接口发生的噪声。此外，还包括空气位移而产生的噪声，其中，车辆高速行驶时出现的空气位移所产生的噪声最为常见。随着城市交通的发展，交通噪声污染呈现出越来越严重的态势。应采取维护道路通勤顺畅、建立隔音屏障、降低车速、鼓励发展公共交通等措施，从而有效减少交通噪声污染。

（3）生活噪声

根据统计可知，2021 年我国的城镇常住人口为 9.14 亿人，城镇化率达 64.7%。随着大量人口迁入城市，居民日常的生活、娱乐、商业和体育活动等产生的噪声是城市噪声环境污染的重要来源。与工业噪声和交通噪声污染相比，生活噪声影响相对较小。对于此类噪声污染，主要防治措施为规范生活区、商业区划分，使用隔音建筑材料等，可有效减轻噪声污染。

可见，城市噪声的来源十分广泛，影响和危害也是巨大的。城市环境噪声污染防治应因地制宜，针对不同种类的噪声污染有针对性地采取相应的防治措施，从噪声源头做好预防工作，科学规范地采取有效措施，达到减少噪声污染危害的效果。

2.城市环境噪声的危害

城市环境噪声会危害人体健康，影响城市发展以及动植物健康。例如，会导致认知和睡眠出现障碍。据美国著名商业杂志《快公司》报道，睡眠中断可能是与噪声污染有关的最大健康风险，会导致代谢紊乱而诱发糖尿病、心脏病等。

（1）城市发展

城市环境噪声污染会影响市民的正常生产、生活秩序，降低市民的生活品质，从而影响城市的可持续发展。城市噪声污染也会影响精密仪器与设备、建筑工程的正常运行。当城区环境噪声污染超过一定限值时，便会影响精密仪器、设备中的电容、晶体管等的运转，甚至会影响产品质量，缩短了仪器、设备的使用寿命，不利于科学技术的进步和发展。此外，城市噪声污染严重的还会导致建筑工程出现裂缝甚至坍塌的风险，时刻威胁着市民的生命和财产安全，不利于建筑行业的长期可持续发展。

（2）人体健康

①人体听力系统。城市内部环境噪声污染现象的出现可能会直接损伤人们的听力系统。通常而言，人们在短暂进入噪声分贝值较大的环境中，会直观地感受到双耳的胀痛以及头痛等，而这种现象在人们转移到安全的场所之后便会逐渐消失，这就是现代理论所提到的听觉疲劳。对于工业、生产制造业及其他特殊行业的人员而言，机械运转以及由其他因素所引发的噪声会长期存在于人们的工作环境中。这也就意味着这类人群的听觉疲劳现象会长期持续和存在，便会引发人们的噪声性耳聋现象。如果人们突然间置身于一种分贝值极大的噪声环境中，听觉器官则可能会因为噪声分贝过大而遭到强烈损伤，也就是人们通常所说的爆震性耳聋现象。根据我国相关部门针对城市噪声污染与居民健康之间关系的相关调查结果可知，城市内部的噪声分贝上升一个数值，所处城市市区居民的高血压发病率就会提升3%。对于生活在城市内部的老年人群体而言，噪声污染的经常性存在也是引发这类群体出现老年性耳聋的重要原因。

②人体视觉系统。在人们的直观印象中，城市区域内所出现的噪声污染现象只会对人们的听觉系统产生极大的损害。但实际上相关的研究结果表明，城市内部出现的各种噪声污染，对于人们的视力水平同样会产生不可逆转的影响。相关的医学研究实验结果证明，在噪声数值达到90分贝的情况下，人体内部的视觉细胞敏感水平也会出现显著的下降，在弱光识别的过程中，人体的反应时间会出现显著延长；在噪声数值达到95分贝的情况下，有将近50%的人会出现瞳孔放大、视觉模糊的现象；如若将噪声数值提升到115分贝，绝大部分人的视觉光亮度适应性都会被削弱。

总体而言，如果人们长时间处于一种高分贝的噪声环境中，眼疲劳、眼痛等眼部损伤现象就会变得十分常见，并且噪声现象的长期存在会导致人们的色觉、视野出现不同程度的负面变化。

③正常生活秩序。在人体处于正常睡眠状态的情况下，噪声污染现象的突然出现会直接导致人们惊醒，而在入睡之后也会出现入睡困难、睡眠质量下降的问题。如若人们长期在睡眠状态下受到来自外部的噪声刺激，则可能会导致人们出现失眠以及睡眠质量持续下降的问题。此外，在人们的正常学习、工作和生活状态下，噪声污染的出现也会对这些人的正常行为产生不同程度的负面影响。相关的医学研究实验结果表明，在人们思维集中的状态下，每接受一次外界环境突然的噪声干扰，则思维集中的时间就会减少4秒。噪声污染的长时间存在也会导致

人们在工作过程中工作效率显著降低的问题，甚至在道路车辆行驶的过程中，噪声污染也会对安全信号进行一定程度的掩蔽。最为常见的是警戒信号以及车辆行驶信号无法及时传递到人们的听觉系统中，这就无形中提升了各种交通安全事故的发生概率。

（3）动植物健康

城市噪声污染不仅会影响社会发展、人体健康，而且也会影响动植物的健康。长时间处于噪声污染环境下，动物会出现焦躁不安情绪，攻击和破坏周围事物。噪声污染会影响动物的中枢神经系统、内分泌系统和消化系统，影响动物的生长发育，严重的会导致其死亡。例如，机场附近养殖场长时间受飞机噪声影响，导致鸡的生殖系统紊乱、产蛋量减少的现象时常发生。

二、城市环境管理实践策略

（一）城市环境预警系统分析

环境保护涉及事中的环境监控和事后的末端治理，事前的环境预警系统更需不断完善。坚持"以人为本、预警为主、极速反应"的原则，建立健全基于5G网络技术和大数据分析技术的环境预警系统，保障环境安全，避免环境污染突发事件；提升工业污染源监控预警水平和环境事故应急处置能力，特别是对化工产业项目存在的潜在风险因子更需加大监控预警力度，避免环境污染突发事故再次发生，如图5-1所示。

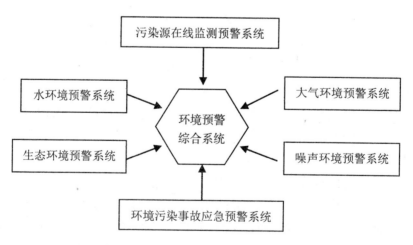

图 5-1　城市环境预警系统基本框架

1. 水环境预警系统

建立以水环境自动监测站为主、手动采样分析为辅的水环境预警系统，全面掌握地表水和地下水环境变化情况，实时监控城市集中式饮用水源地的水文和水质情况，保障饮用水源绝对安全。

2. 大气环境预警系统

完善覆盖城市的大气环境自动监测网络，针对 PM2.5、雾霾、温室气体等环境影响因子，加大特征污染物监控力度，及时、准确、高效预警，建立健全大气环境预警系统。

3. 噪声环境预警系统

建立自动监测与手动监测相结合的噪声环境预警系统，客观、准确地反映城市各类功能区的声环境质量水平以及各类噪声的强度、影响范围和声级变化规律与趋势等。

4. 生态环境预警系统

搭建遥感监测与地面监测相结合的生态环境预警系统。运用遥感技术、北斗定位系统对城市进行全方位的生态环境监测，同步开展城市土地利用遥感解译和生态环境评价常规工作，构建生态环境预警系统，科学、客观地掌握城市生态环境质量动态变化规律与趋势。

5. 污染源在线监测预警系统

强化污染源在线自动监测，通过物联网技术实现污染源在线监测预警管理功能，实时掌握城市重点污染物排放的数据信息；及时准确地发布排污企业污染物排放的动态信息，对污染物排放异常情况迅速做出反应，立即采取必要的处置手段。

6. 环境污染事故应急预警系统

开发具有数据管理、数据挖掘、评价预警、决策支持等功能的环境污染事故应急预警系统，加强环境污染事故应急预警工作建设，强化环境监测应急预案管理工作。

7. 环境预警综合系统

运用 5G、大数据、云计算和物联网等新兴技术，以城市环境预警机构为依托，以环境数据共享为支撑，构建高效、稳定的环境预警、监控、评价、管理平台系统，使环境管理部门及时、准确、全面掌握城市环境质量状况，为环保监测、环保管理、环保执法和环保决策提供科学依据。

（二）城市大气环境管理策略

1. 积极采取节能措施

城市之所以会有大气污染问题，核心原因便是空气里面被排入了大量悬浮颗粒。因此，需要尝试利用一些清洁能源，对原本的能源进行替代，并积极应用节能方案，使采用同一类燃料时可以获得更高的热量。诸如，对燃烧技术持续更新，改进燃烧设备，大幅度提升各类燃料的燃烧效率，在确保污染物的产生量没有明显提高的情况下，尽可能提升产品的整体数量和综合质量。

另外，在燃烧效率得到提高之后，有害气体的产生量也会有所降低，对外部环境造成的危害也会减少。同时，由于城市中的私家车数量一直在增加，可以采用限行的方式，积极宣传并不断提升广大居民的环保意识，倡导采用低碳出行方式，在没有特殊需要的情况下，尽可能采用步行、自行车、公交以及地铁的出行方式。而政府部门需要创设条件，在车票和公共自行车方面颁布政策，给居民们提供补贴。如此就使得化石燃料的用量有所减少，在不影响政策实施的情况下减少能源耗费，进而完成污染处理。

2. 优化大气污染治理技术

（1）燃料燃烧技术

该技术主要源于锅炉运行过程中，后来对这一技术进行了系统性的完善和优化，使得燃料燃烧技术在实践应用中获得了不错的效果。除了强化过滤效应之外也解决了煤炭消耗问题，降低了运营的成本，最为主要的还是解决了污染排放问题，有利于大气环境污染的治理。

（2）联合脱硫脱硝技术

联合脱硫脱硝技术是不改变过去的脱硝技术的情况下，联合氧化还原技术，以此来对硫和氮氧化物进行处理。与此同时，脱硫脱硝技术也可以和其他的烟气处理技术进行联合，从而更好地处理氮氧化物和硫。另外，脱硫脱硝技术可以和光催化法进行联合，在实际的操作过程中能够有效地避免二次污染问题的发生，同时也有着较高的运行效率，有利于控制成本，符合我国的国情，未来发展前景良好。

（3）烟气脱硫除尘技术

从目前的情况来看，在脱硫技术当中，烟气脱硫除尘技术是比较高的，目前已经得到了广泛的应用与普及。其中最为常用的方法就是湿法烟气脱硫，经过专家们的研究和完善后，湿法烟气脱硫技术更加有利于大气环境污染问题的治理，所以该技术的发展前景是非常好的。

（4）氮氧化物处理技术

该技术具体包括催化还原技术和选择性非催化技术，另外也包括吸附技术和活性炭及液体吸收等相关技术，而这些技术具体主要还是应用在工业催化还原等环节中及处理废水时。目前该技术的应用十分普遍，这项技术已经被应用到了大气环境污染的治理当中，相信能够发挥出重要的作用。

（5）处理有机废气技术

这项技术中包含了生物处理和吸附处理等技术。这项技术所具备的优势在于更加符合我国当前的国情，与目前我国所提倡的可持续发展理念相符合。催化燃烧不会造成大气污染，无论是膜基吸收还是光催化氧化技术都是基于对废气的绿色处理理念，是非常绿色环保的废气处理方法，在有机废气处理技术的应用过程中，十分有利于处理那些具备挥发性特征的有机物，除了效果良好之外，也有着不错的发展前景。

3. 依靠多种方式展开治理

对于城市环境管理者来说，理应提高对大气质量的重视度，根据实际情况及时采取有效方式评估现有的城市环境。在保证环境功能不受影响的基础上，合理控制污染物的具体排放量，让其处在应有的范围之内。另外，还要制定一个全新的管理目标，将其作为治理工作的重要参考。当前在城市中，出现大气污染的主要原因便是工厂排放了大量有害气体，同时因为汽车保有量大幅度提升，尾气排放问题非常严重。

所以，城市管理者要和相关部门展开合作，开发新能源并积极推广，做到全面利用。尤其针对一些在生产过程中仍然使用煤炭的企业，应促使其积极转型，变为使用电力或者天然气，以此实现煤炭控制以及控制废弃物排放量的目标。对城市交通来说，不但需要进一步加强对机动车尾气排放量的管理，而且还需要尝试将电能、氢能引进来，从源头入手，逐步加强管理。

4.提升城市环境管理水平

在开展城市环境管理时，大气污染治理一直都是重要内容。对于管理人员来说，必须有着良好的工作态度，能够按照政府部门发布的政策有效落实治理目标。管理者需要学习国内外最新的管理措施，持续强化绿化工作，依靠最为有效的方式改进制度，提高绿化的整体覆盖率，使得城市布局变得更合理。

另外，还需要采用种植草木等方案持续提高绿植的整体覆盖率，改善生态环境。同时，当草木种植率大幅度提高之后，还能对城市工业活动产生的二氧化碳进行吸收并转化为氧气，给人们的日常生活提供帮助。所以，就需要将草木种植看作环境管理优化的基本方式，政府也要在资金和政策层面给予一定的支持，结合本地的气候状况选择最佳的树种，引入最新的种植技术，尽量提升整体成活率。除此之外，还需要将最新的机械设备引进来，将道路中的垃圾全部清理掉，合理控制灰尘，真正做到多管齐下，进而提升城市环境质量。

5.提升大气污染物监测水平

大气污染物是引发大气环境污染的元凶，也是大气环境治理的关键。大气污染物的传统监测方式包括生物监测、理化监测。生物监测将植物和动物等接触大气污染物的生物作为观察对象，通过观察生物的生命状态和生长机理对大气环境进行质量评价。理化监测是借助实验室，利用专业的物理与化学实验设备、仪器、试剂对大气环境中污染物的成分、浓度、含量、性质、特征等进行分析评价。这些传统的监测方式已经积累了较多的经验，在新时期的大气环境污染治理中可以继续发挥作用。除此之外，积极应用现代化技术和配套设备是提高大气污染物监测水平的重要途径。

结合国家环境治理标准中对一氧化碳、二氧化硫、二氧化氮、臭氧、PM2.5、PM10的监管要求，利用GPS定位技术、高空瞭望技术、传感器技术对各项监测内容实施监测，提高对各因子浓度变化的监测时效性和监测结果的准确度。通过采用数字技术和智能技术实现远程监测，便于生态环境部门更迅速、更直观地了解城市各个区域的大气污染源分布情况和污染源变化情况，及时制定出环境治理方案，实现远程警示、远程指导实施，加强对大气污染的有效防治。

6.创新大气环境治理评价机制

大气环境治理工作涉及的专业广、内容事项多，构建大气环境治理评价机制可以更好地落实治理责任，梳理问题及原因，优化治理策略，实现大气环境精细化、高效化治理。可对城市不同类型的企业进行分级，然后设置相应的大气环境治理评价内容和评价指标，对各个级别的企业开展绩效分级评定，对不同级别的企业进行核查，实施差异化管控。

环境治理评价的内容包括以下方面：一是对企业生产现场环境治理情况进行检查，查看生产设备是否安全环保，治理污染的设施是否运行且运行情况是否符合安全环保的规定；二是对企业生产设备的用电情况进行检查，查看企业设备启动、进行生产的时间是否符合当地环境治理的规定，查看企业用电设备的用电情况是否与环境治理预警期间或环境治理整改期间相吻合，根据用电设备的用电情况查看企业是否采取了节能减排措施；三是对企业的台账进行核查，查看企业生产设备运行台账、分散控制系统的生产数据情况，查看生产原辅料、燃料、药剂等的使用情况是否符合限制生产的要求，查看企业污染治理设施运行情况以及污染物排放在线监测数据是否完备，查看企业污染物自动监测设备的运行情况、设备的校准记录、设备的维护保养和故障维修情况，判断企业的污染物治理设备运行情况是否符合要求，根据企业污染物在线监测数据判断企业是否满足相应绩效等级的排放限值，在预警期间和整顿期间污染物的浓度和排放量是否明显下降，是否符合环保排放指标要求；四是对企业运输车辆进行检查，查看企业运输车辆是否符合大气环境治理要求。通过对企业进行绩效分级评定，设置具体的污染治理评价内容和指标，提高企业的环境治理水平，从源头上减少企业污染物排放量，为大气环境治理工作提供有力支持。

7. 构建大气环境污染治理预警体系

生态环境部门联合气象部门、规划部门、监测部门等多个相关部门，建立大气环境污染治理信息平台，实现多个部门工作成果共享，将气象数据信息、城市建设施工扬尘监控信息、空气监测站信息等进行整合，构建大气环境数据库；同时利用气象部门的技术及资源，根据天气变化情况、气象扩散条件对城市每天、每个时间段、每个时间点的大气环境质量进行精准测算预报，绘制出城市不同区域的大气环境污染物动态变化图与 PM2.5 浓度预警图，及时公开信息，便于各个单位及时做出响应。针对大气环境污染物的类型，对大气环境污染的危害程度进行分级，并针对每个级别制定对应的预警机制和大气环境治理应对方案。各部门结合自己的职责落实相应的大气环境污染治理措施，提高大气环境治理效率。

（三）城市水环境管理策略

1.提高污水处理技术水平

在目前我国的水污染处理工作中，污水处理技术落后是一个相对严重的问题。没有先进的科学技术手段，就导致污水处理很难达到预期效果，即使是投入与发达国家相同的资源，也无法取得相同的效果。

因此，想要改善城市水污染现象的话，需要全面提高污水处理技术水平，在对污水进行处理时，要运用科学的处理技术。目前我国部分地区仍然存在着水资源紧张问题，对于一些缺乏水资源的城市，则需要依靠科学的污水治理手段，从而实现对水资源的管理与保护。

2.学习国外先进经验

虽然我国在目前的水资源保护工作中积累了很多的工作经验，但是无论是水循环技术还是水污染治理技术，我国与一些发达国家相比较仍然存在着一定差距。因此，国内的环保行业有必要对发达国家的污水处理经验进行学习，结合我国国内的现状思考如何对国内的污水进行处理。

另外，还要加强对于水污染的监督，对于水污染现象要及时发现、及时整治。我国国内水污染的治理工作都是由政府对应部门负责，在水污染的治理过程中政府相关部门在对水污染进行治理的同时，还要加强各方面的监管工作，监督企业将污水处理到可以排放的标准，避免水污染。

为取得良好的监督效果，政府部门需要成立专门的环境治理监督小组，扩大对于水污染的监控范围，以保证各个行业的水排放都能达到规定指标。对于在监督过程中发现的企业或者个人污染水资源的情况，要根据实际情况严肃处理，并且将处理结果公布以达到以儆效尤的目的。同时还需要建立完备的水资源污染监管制度，鼓励民众积极参与到监督工作中去，使水资源污染监督工作更加完善。

规范水污染监督制度，将水质标准提高。尽管这些年我国的水质标准不断提升，但是与西方发达国家相比，在各方面的监测数据上还存在着一些问题，无法客观科学地反映出城市水污染的具体情况。这就需要有关部门在进行水质监测工作时加强对周围城市水污染情况的监测，建立起完备的水体质量监测机制，对于城市用水方面的数据要有一个全面的掌握，对于当地的水体质量情况有所了解以及对于当地水体应该采取一种什么样的治理方法与评价标准。

对于目前国内水资源保护机制不够完善的现状，政府方面应该给予重视，通过不断优化监督手段等方式来实现水污染的治理。还要不断完善水污染治理制度，研究降低治理成本的措施，在制度层面上保障污水治理成效。

3. 优化污水处理方法

（1）臭氧处理法

臭氧处理法是污水处理的常见方式，污水中的有机物在其作用下可被分解。如果想要杀灭污水中的细菌可采用该方法，其在成本和操作方面具有显著优势。臭氧处理法在减少储存、运输费用方面具有一定优势，其缺点是适用范围具有一定的局限性，想要达到理想的污水处理效果，需要与其他技术联合使用。

（2）膜处理法

传统分离泥水的单元设备为二沉池，但是随着膜处理法的应用，膜组件可发挥出相应的作用。膜处理法借助膜生物反应器，将其与生物反应器相组合，可对污水进行处理。当污水进入反应器后，存在于污水中的微生物可发挥其关键作用。水中污染物受到影响将会发生同化、异化反应，其中水与二氧化碳属于常见异化产物，而同化物质则为微生物服务。该污水处理方式具有灵活性，其能有效分离固体、液体，处理后的水质较为优良。膜处理技术不会降低反应器中的微生物浓度，可最大限度减少占地面积，其工艺程序紧凑，实现自动化控制的可能性较大。

（3）气浮法

将空气引入污水中，使其产生诸多微小气泡并将其作为载体，使污水中的悬浮颗粒等能够吸附在气泡上，在气泡浮生的作用下将污染物带出水面，对其进行分离。疏水性物质一般以气浮状的形式出现，其清除难度不大。但是亲水性物质不易被气浮，为达到理想的污水处理效果，可将悬浮剂置入污水中，在此情况下，亲水性物质表面性质会发生改变，使其被清除。该方法所形成的气泡直径较小，数量多，较为分散，其与污水接触的时间可进行控制，处理效果较好，不会受到水质影响，具有广阔的应用前景。

4.加强水资源保护宣传工作

目前，我国城市居民的水资源保护意识还不强，这种水资源保护意识的淡薄会直接影响水污染治理效果与治理效率。因此，需要加大宣传力度，强化公众的水资源保护意识，要使群众都能理解水污染的严重性与保护水资源的重要性。无论是人民群众还是污水治理人员，抑或是排放污水的相关企业，都应树立绿色生产的生产理念，能够自觉减少水资源污染，从而实现水资源保护。

5.健全污水治理法规政策

应加强大众对环境保护重要性的认识。在城市污水治理过程中，应结合本地区的特征，借鉴优秀的治理措施。对我国污水治理制度进行完善，相关部门应重视环境治理工作，加强监督、管理，促进污水治理工作的高效开展。只有通过该方式，才能促进污水治理工作效率的提升。在实际治理工作中应做到标本兼治，只有从污染源头出发将各项工作落实到位，才能取得理想的污水治理效果。为确保监督、管理工作的有效开展，应完善相关法律法规，出台相应政策。

6.加强污水排放的监督与管理工作

城市水污染问题想要得到有效解决，就必须加强污水排放的监督与管理工作。从管理层面上来看，唯有建立完善的管理体系与监督制度，结合相关的法律法规，将管理与监督落实到位，这样城市污水才能得到有效处理。

此外，还需要强化企业对环保生产的认知，努力带动企业从传统生产模式向环保生产模式迈进。对于一些绿色生产实施情况良好的企业要给予奖励，对没有进行绿色生产的企业给予严肃惩罚。另外，企业以及相关部门在污水处理工作上需要明确责任划分，避免责任推脱的情况。

7.加强对污水处理设备的保养管理

污水处理设备的性能对污水处理效果具有直接影响，其种类较为丰富、数量较多，因此，对其进行维护保养十分必要。在污水处理过程中，设备长时间处于运转状态可能会发生磨损。为延长设备使用寿命，使其在污水处理工作中发挥出最大价值，应加强养护工作。设备管理人员要对设备进行定期检查，依照设备实际使用情况判断设备是否需要更新。应加强技术研究，研制具有良好应用效果的污水处理设备。设备维修人员需定期对设备进行维护，在设备运行的过程中对其进行细致观察，及时发现其中存在的问题。

（四）城市固体废物管理策略

1. 注重多部门联合监管

城市固体废物种类繁多、来源各异，处置方式也不同，在监管的过程中单独依靠某一部门的力量远远不够，可以根据需要联合多部门协同管理。多部门联合既可以是同级别不同部门间的联合，也可以聘请不同领域的专家，还可以和上级部门联合开展监督检查工作。

2. 健全城市固体废物管理体系

首先，建立市场准入和淘汰机制。要限制开发产生本地不能处理和综合利用的固体废物的项目，限制开发固体废物产生量大的项目。对于生产工艺落后、处理效果不理想、综合利用效率低的项目，应适时改进生产工艺或淘汰。其次，建立监督检查机制。要明确各部门责任，加强事前、事中、事后监管，规范市场行为。最后，建立企业环保责任制度。要鼓励电子产品、电器、汽车等生产企业开展废旧产品回收和综合利用，提高循环利用率。

3. 提高工业固体废物处置能力

根据现阶段处理情况，医疗废物和生活垃圾可以全部进行无害化处理，一般工业固体废物和工业危险废物的综合利用能力还需要进一步提升。应积极拓宽大宗工业固体废物和工业危险废物利用渠道，引导企业采用科技含量高、附加值高、资源利用率高的综合利用方式，保障固体废物产生量与处置能力相匹配，实现固体废物储存、处置总量趋于零增长。

4. 增强全民的固体废物处理意识

城市固体废物的处置需要全体居民和工业企业的共同努力，可以通过网络、新闻媒体、环保志愿者、学校等人员与途径宣传城市固体废物的相关知识、"无废"生活理念，发展绿色消费市场，推行垃圾分类，倡导绿色生活方式，鼓励绿色生产。当前，要因地制宜、分类施策，引导企业自觉践行绿色生产理念，引导居民积极践行绿色生活理念，降低各类固体废物产生量，并通过垃圾分类降低后续处理成本，缓解处理压力，提高资源综合利用水平。

5. 加强全过程管控和综合利用管理

要建设"互联网+"系统，通过监管平台对各企业危险废物的产生、储存、收集、运输、处置全过程进行闭环式监管，防止违规储存、转移和处置危险废物。可通过信息管理平台公开大宗工业固体废物的种类、数量、主要成分、产生企业和储存位置等信息，监督大宗工业固体废物的规范化处置和合理回收利用，为固体废物利用企业提供信息支持。同时加强管理，将企业的执行情况纳入企业信用管理，对于信用较好的企业给予一定的优惠政策，对于信用较差的企业给予一定处罚。

（五）城市环境噪声管理策略

城市环境噪声污染会直接影响市民的身体健康以及城市的可持续发展，需要做好顶层设计和规划，针对不同噪声污染采取有针对性的防治措施，切实减少城市环境噪声污染的危害。

1. 社会生活噪声污染防治

加强生态环保知识宣传，切实提高居民环保意识。生态环保、公安、城管、市场监管等部门要加大执法配合力度，增强执法工作合力，共同推动城市生活噪声污染防治工作。例如，每季度开展一次城市噪声污染专项整治行动，重点围绕KTV、酒吧、广场舞、夜市等主要社会生活噪声源，强化噪声污染源防治。加大噪声污染惩治力度，尤其是在夜间噪声污染的敏感时间段，要加大执法检查的力度，防止生活噪声污染"反弹"。

2. 工业企业噪声污染防治

加强城市顶层规划设计，将噪声污染严重的企业搬迁至城郊等，鼓励使用先进生产工艺，减少生产过程中产生的噪声污染。新开工企业建设项目要严格落实"三同时"制度，并对其进行严格的环境影响评价，确保工业企业噪声污染满足设计要求。严格落实工业企业噪声污染主体责任制度，督促企业根据其噪声污染源及强度合理采取相应的降噪及防治措施，做好工业企业日常生产噪声监测工作。生态环境监测部门要实时发布企业噪声污染监测数据，在公共平台发布，接受社会各界监督。

3. 交通噪声污染防治

一方面，要改善城市道路通行条件，减少机动车滞留时间；另一方面，也做好规划设计，尤其是城市道路、公路及高架桥等项目，应充分做好建设前的规划论证工作，避开学校、医院、住宅等噪声敏感建筑集中区。此外，在高架桥等附近设置相应的声屏障，靠近公路附近的建筑物内设置隔声窗。做好公路两旁绿化工作，选用吸音效果好的植物。此外，设置相应的禁停区、禁鸣区以及限速区，合理分流和引导干道车流、限制车速。此外，鼓励市民乘坐公共交通工具，减少车辆通勤量，最大限度地减少交通噪声污染。

4. 施工噪声污染防治

严格做好施工噪声排放申报管理工作，严格落实城市建筑施工环境保护公告制度。倡导绿色文明施工，合理安排施工作业时间，严禁夜间施工。鼓励施工企业和施工单位采用低噪声设备及工艺。此外，生态环境、住房和城乡建设等部门应加大施工执法力度，严查施工噪声超标行为。

第三节　农村环境管理实践

一、农村环境污染来源

（一）种植业生产污染

近年来，种植业生产技术得到了快速发展，但农民在生产中对化肥、农药依然较为依赖。为提高农作物产量，部分农民过量使用化肥，导致多余化肥向地表及相关水域中渗透。由于化肥中含有大量氮、磷等成分，导致地表水遭到严重污染。同时，在地表径流的作用下，残留的化肥还会流入地下水体、湖泊，加剧河流、湖泊的富营养化问题。此外，化肥、农药等污染物也会随着食物链在人体中累积，严重危害人们的身体健康。

（二）畜禽养殖污染

畜禽养殖是农民的重要收入来源之一，但部分农民随意堆置动物粪便，不但会污染空气环境，而且会导致土壤质量明显降低。农村养殖场往往规模较小，为节约生产成本，很多养殖户未配备完善的污染物处理设施，直接向环境中排放未经处理的废水污物，导致水源、土壤等遭到污染。

（三）居民生活污染

近年来，虽然农村的环保设施、设备逐渐完善，但部分村民的环保意识较淡薄，通常自行处置生活垃圾，或随意丢弃，或露天集中堆放，或随意倾倒在河沟内、马路边，严重污染土壤及水体环境。

（四）乡镇企业污染

现阶段，随着乡村振兴、新农村建设等战略的深入落实，农村出现了较多的乡镇企业。但部分企业缺乏完善的环保处理设施，无法依据相关环保要求科学处理废气、废水、废渣等，导致农村环境污染问题加剧。

二、农村环境管理实践的策略

（一）增加资金投入

只有构建完善的资金投入保障机制，才能顺利落实各项工作，增强农村环境污染防治效果。针对当前资金短缺的问题，可以从以下两方面入手来解决。

一方面，中央要适当加大对地方的环保资金投入，设立多种类型的专项基金，如环保基建项目基金、环保技术改造基金等，以便从资金角度为农村环境污染防治工作的开展提供保障，促进生态文明型美好乡村建设。地方政府要在地方财政预算中设立农村环境污染防治资金，结合农村环境污染防治工作重点科学调配和使用有限资金，大力建设农村垃圾处理、排污管道等基础设施，积极优化与创新环境污染治理技术。

另一方面，政府职能部门要结合地区实际情况，专门制定一系列扶持优惠政策，综合运用财政补贴、减免税收等方式调动社会企业、民间资本的参与积极性，建立社会力量协同治理机制，以便拓宽资金来源，充分满足农村环境污染防治工作的资金需求。

（二）完善制度体系

建设完善的法律制度能够指导与规范农村环境污染防治工作。针对现阶段法律制度不够完善的问题，相关主体需结合新形势下农村环境污染防治需求，进一步健全法律法规与体制机制，持续、有效地治理和改善农村生态环境。

1. 健全农村环境污染监管制度

为对农村企业、村民的环境污染行为进行约束和限制，相关部门需建立农村环境污染监管制度。在具体实践中，一方面要严格控制污染源，管控化肥、农药等农用物资的市场流通，深入落实排污许可、生活垃圾分类回收等制度，以防范农村环境污染问题的出现。另一方面，要对各类环境污染行为进行严厉处置，综合采用追责、惩戒等方法进行管理。地方职能部门应不定期巡查农村环境污染现状，依据法律法规严厉追究破坏农村环境的企业或个人的责任，结合污染行为的类型及后果，灵活采用责令整改、罚款等惩戒措施，促使农村企业及个人的环境保护意识得到逐步提升。

2. 健全农村环境污染责任落实制度

农村环境污染防治是一项系统性工程，涉及较多的部门与人员，如果没有明确划分职权，容易出现推诿、扯皮等情况，将无法保证农村环境污染防治效果。面对这种情况，中央政府要对地方党委领导的责任进行明确界定，科学划分各职能部门的责任范围，在年度绩效考核评价体系中纳入农村环境污染防治成效等内容，促使农村环境污染防治效果得到提升。

3. 完善农村环境污染防治领域的政策法规

发挥政策、法规的刚性约束功能，可以保证农村环境污染防治效果。因此，相关职能部门要结合农村地区环境污染现状积极推进立法工作，全面覆盖生活垃圾处理、农业生产污染等各个方面。同时，要对现有的环境治理政策与法规进行修订和完善，增强政策、法规的可操作性。地方政府要依据法律法规和当地情况专门出台实用性较强的地方性条例，为农村环境污染防治工作的开展提供依据。

（三）加强宣传教育

单单依靠政府部门的力量难以保证农村环境污染防治效果，因此，要加强宣传教育工作，引导社会团体、农民等共同参与进来，建立多主体治理机制，切实增强农村环境污染防治效果。

1. 政府主体当好"引路人"

政府职能部门主导着农村环境污染防治工作的实施，也承担着重要的宣传引导职责。深入实施宣传教育活动，可调动社会团体及农民的参与热情。因此，政府职能部门要加大宣传教育力度，综合运用电视、报纸、网络及村广播站等各类宣传载体，对环境保护、污染防治等方面的法规、政策进行普及宣传，促使民众的执法守法意识得到提升。

2. 社会主体当好"助梦人"

政府职能部门的力量是有限的。为顺利实现农村环境污染防治目标，需充分利用环保企业、志愿者组织等社会力量弥补政府力量的不足。其中，环保企业具有资金、技术等优势，政府职能部门要通过宣传推广、制定优惠政策等方式引导环保企业参与进来，协同解决农村环境污染问题，促使农村环境污染防治工作的专业化与科技化水平得到提升。志愿者组织由环保意识较强的社会民众组成，可将环保知识教育、环保技能培训等作为工作重点，不断提升农村居民的环保意识。

3. 农村居民当好"守护人"

只有让广大农村居民深入参与进来，才可以保证农村环境污染防治效果。因此，广大村民要逐步革新思想观念，充分认识到农村环境污染的危害，增强自身的主人翁意识，主动学习环境保护方面的知识，转变农业生产理念与模式，约束自身的日常生活行为，抵制各类破坏农村生态环境的不良行为。

（四）统筹规划发展

为持续改善农村环境条件，需改变以往偏重经济发展的发展理念，依据生态文明建设要求发展绿色经济与循环经济。地方政府要将地区环境优势、资源条件、产业基础等一系列因素综合纳入考虑范围，科学制订农业产业发展规划。

1. 发展绿色农业与生态农业

传统农业生产模式较为粗放，不符合可持续发展要求。面对这种情况，地方政府要牢牢坚持生态优先的原则，转变落后的农业生产模式，在农业生产全过程中贯穿环境保护工作，着重发展绿色农业与生态农业。例如，在种植业发展中要深入落实化肥、农药零增长政策，利用有机肥替代化肥，采用生物防治、物理防治等技术替代传统的化学防治手段，逐步减少化肥、农药的使用量。在畜牧养殖业发展过程中，要配套建设粪污处理、污水净化等基础设施，减少对生态环境的污染。

2. 合理引入企业

近年来，城市工业企业向农村地区转移的趋势在不断增强。虽然这对农村经济发展起到了明显带动作用，但也加剧了农村环境污染问题。面对这种情况，地方政府要统筹规划，在农村建立工业园区，严格执行环境准入规定，依据地区发展规划、环境保护要求及节能减排标准等审查入园工业企业，禁止引入资源、能源消耗型企业。

参 考 文 献

［1］ 黄森慰. 农村水环境管理研究 [M]. 北京：中国环境出版社，2013.

［2］ 应红梅. 突发性水环境污染事故应急监测响应技术构建与实践 [M]. 北京：中国环境出版社，2013.

［3］ 王黎. 水环境风险监测与应急响应技术 [M]. 北京：中国环境出版社，2014.

［4］ 王子东，邵黎歌. 水质监测与分析技术 [M]. 北京：化学工业出版社，2016.

［5］ 江志华，叶海仁. 环境监测设计与优化方法 [M]. 北京：海洋出版社，2016.

［6］ 安毅. 农产品产地土壤环境质量监测数据采集与应用 [M]. 北京：中国农业出版社，2017.

［7］ 陈瑶. 工业园区水环境系统管理与机制创新 [M]. 北京：中国环境出版集团，2018.

［8］ 隋鲁智，吴庆东，郝文. 环境监测技术与实践应用研究 [M]. 北京：北京工业大学出版社，2018.

［9］ 李艳. 耕地质量与生态环境管理 [M]. 杭州：浙江大学出版社，2018.

［10］ 李梅. 协同视角下京津冀资源环境管理与科技创新 [M]. 北京：中国科学技术出版社，2018.

［11］ 林茂兹. 环境管理实务基础 [M]. 北京：中国环境出版社，2018.

［12］ 宋立杰，安森，林永江，等. 农用地污染土壤修复技术 [M]. 北京：冶金工业出版社，2019.

［13］ 李岩. 构建适应绿色发展的环境管理体系研究 [M]. 北京：光明日报出版社，2019.

［14］ 李莉. 城市尺度大气环境管理平台技术应用 [M]. 北京：中国建材工业出版社，2019.

［15］ 李艳红. 辽河流域水环境管理实施效果评估与流域技术集成 [M]. 北京：中国环境出版集团，2019.

［16］ 王森，杨波.环境监测在线分析技术 [M].重庆：重庆大学出版社，2020.

［17］ 李国平，王莹，杨振亚，等.固体废物环境管理指导手册 [M].南京：河海大学出版社，2020.

［18］ 崔虹.基于水环境污染的水质监测及其相应技术体系研究 [M].北京：中国原子能出版社，2021.

［19］ 付永尧.环境监测质量管理现状及发展对策探究 [J].皮革制作与环保科技，2021，2（24）：52-54.

［20］ 郭艳.探析环境监测在环境保护工作中的作用与创新 [J].皮革制作与环保科技，2021，2（24）：63-65.

［21］ 张天载.环境监测在大气污染治理中的作用与对策探析 [J].绿色环保建材，2021（12）：29-30.

［22］ 陈明.环境工程建设中环境监测的促进作用研究 [J].大众标准化，2021（24）：28-30.

［23］ 陈勇.关于环境监测与环境监察运行的几点思考和建议 [J].皮革制作与环保科技，2021，2（23）：45-47.

［24］ 郭海波.环境监测与环境监测技术的发展 [J].皮革制作与环保科技，2021，2（23）：94-96.

［25］ 许锋.我国环境监测技术存在的问题及对策 [J].造纸装备及材料，2021，50（12）：98-100.

［26］ 王谦.环境监测在生态环境保护中的作用及发展措施研究 [J].皮革制作与环保科技，2021，2（22）：36-38.

［27］ 张瑀桐.环境监测对环境工程建设的重要性探讨 [J].资源节约与环保，2021（11）：74-76.